U0134779

小散戶的股市學習全紀錄 ▶▶▶▶

我的·操·作·之·旅·

踏上專業投資人之路

全新增修版

羅仲良◎著

PART 3 漸入佳境的股市學習之路

PART 4 千K選股法 4步驟找最佳標的

跟著操作之旅
建立你的股市財庫

投資是操作，不是形而上的飄渺思想。既然是很實務的東西，我們都希望能像體操一樣，有標準動作與各式的分解可以學習。偏偏這又不是科學，一動一動可以跟著練的「標準作業程序」，只是學習者的妄想；因此我們只能從先進們的經驗中，提煉出屬於自己的操作準則。

被列為投資類的經典，除了巴菲特（Warren Buffett）老師葛拉漢（Benjamin Graham）的《證券分析》之外，幾乎都是傳記類。從流傳百年的《股市作手回憶錄》（傑西‧李佛摩 Jesse Livermore 著），德國股神科斯托蘭尼（André Kostolany）那甜美可口的《一個投機者的告白》，金融大鱷索羅斯（George Soros）執拗難懂的《金融煉金術》，都是以自身操作經驗為題材的作品。道理很簡單，只有真正可以幫主人獲利的操作法，才有學習的價值。

對台灣投資人而言，這些經典有隔靴搔癢的遺憾，除了年代的問題，他們舉的案例、討論的公司或交易工具，並非我們熟悉甚至不存在。以最最經典的《證券分析》來講，是從高折價債券的價值切入。台灣的債券市場並不活絡，有限的債券往往被當成擔保工具，被金融機構買走後，要嘛鎖保險箱領息等到期，不然就是當成附買回交易標的賺息差。以買賣債券賺價差的，少到可忽略不計。在這樣環境中，要從這本書去領悟價值投資的真諦，平白增加很多不必要的障礙。

21 世紀以來，本土作者的理財類書籍多了起來，其中有不少值得學習的觀點。台灣自產理財書籍當然實用性高很多，但是有個普遍的現象，就是為了提高閱讀率，有意無意輕忽投資這工作的難度，動不動就是幾十萬變幾千萬、幾億的神級故事。雖然是真的，但這「不可複製性」就跟花 100 元買樂透變億萬富翁差不多；讀起來跟武俠小說一樣爽，但要在日常生活實踐就很危險。

羅仲良這本《我的操作之旅：踏上專業投資人之路》最大的價值，就是革除前述兩類理財書籍——外國經典不接地氣與本土作品造神的根本困境，提供讀者一個可以跟著操作的實驗報告。

作者經歷跟大多數股民相同，剛開始也被媒體、名嘴的明牌洗腦，繳過慘痛的學費。而後才在日日進出沖殺中，領悟出一套不需要特異功能也可以運用的操作方式。他找到這幾年的大飆股佳格（1227）、儒鴻（1476）、鑫永銓（2114），使用的工具是券商提供的看盤軟體，加上用 Google 搜尋資訊，不必高學歷，也不用顯赫的工作經驗，只要願意去做，都可以找到這樣的投資標的。

沒有華麗的辭藻，也沒有吸引眼球的標題，但是跟著操作之旅，可以建立自己的財庫。

財經專欄作家

李挺生

分享我的經歷與檢討
期許給你借鏡收穫

2013 年初，為了即時完成夢想，避免以後有任何因素無法出書而空留遺憾。所以雖然當時在股市裡賺到的錢還不算多，包含行銷在內，我還是花費數十萬元自費出版關於我自身股票操作經歷的股市書籍——《我的操作之旅：三十而立》。

我一直有在看股市名家李挺生先生在《Smart 智富》月刊裡，介紹金融相關書籍的專欄〈閱讀智富〉。出書以後有想過要把自己的書寄給李先生看看，希望能有機會被他在〈閱讀智富〉這個專欄裡介紹，達到宣傳的效果。但我有點預設立場地覺得，他介紹的大多是在市場上知名度頗高的暢銷財經書籍，像我這種知名度不高、銷售量尚可的小咖財經作家出的書，他應該沒興趣介紹，就一直沒有積極動作。

台灣出版業整體產業趨勢是向下的，書本來就不好賣，自費出書尤其難賣。我的書雖然有二刷，也擠進幫我出書那間自費出版社的歷年經銷書款排行榜內。但眼見銷售的速度愈來愈趨緩，離損益平衡還有段不小的距離。剛好看到李挺生先生在 2014 年 12 月的〈閱讀智富〉專欄裡寫了一段話：「很少會有人願意寫書把心得曝光。所以特別加這段，是提醒讀者朋友，這樣的書籍得來不易，不要因為書名或是作者沒名氣，錯過這個寶藏。」。看到這句話讓我決定要試試看，就想辦法拿到李先生的聯絡方式把書交到他手上。

後來雖然〈閱讀智富〉這專欄停掉，但李挺生先生向《Smart智富》推薦我這個人和我的書。因為我只會寫自身股市實戰的操作經歷，要再出一本全新的書，目前為止累積的實戰案例不夠多，我寫不出來，於是《Smart智富》透過增修版的方式，重新編寫我的舊書內容，並增加近年操作心得的方式和我合作，才有了這本增修版書籍的誕生。

本書當中，詳細敘述了數十筆我覺得值得記錄的操作經歷及事後的檢討。在書中可以看到我當時的思考邏輯及心情轉折。我曾經犯過的錯誤不少，包括為了個股輝煌的過去買進、短線交易、衝動交易、過度擴大資金槓桿、資金控管不當、該停損時卻沒有紀律、想要快速成功……。書裡頭也提到一般讀者可能比較少會接觸到的地雷股放空、可轉換公司債交易等等操作經歷。讀者們可以透過閱讀我的操作經歷避免犯下類似的錯誤、增廣見聞，參考我如何檢討及修正自己操作及生命中犯下的種種錯誤。

另外，於書中的案例大致上是按照時間排序，從早期一直寫到近期的操作經歷，所以讀者們也可以掌握我的每段成長脈絡並當作參考。

最後感謝與我素不相識，卻願意幫我引薦的李挺生先生，您無私獎掖後進的熱心與氣度令我十分折服。感謝我的媽媽林真滿女士，雖然我因為公事上意見不合常和妳起爭執，但我心裡一直很感謝妳在我大學時叫我去做股票，並提供我起步的第一桶金。

感謝我的老婆楊錦薇小姐，謝謝妳幫我生了3個可愛的孩子圓圓、咚咚和點點，並且一路支持我走股票這條路，我操作不利時也從未責怪我。感謝《Smart智富》

劉萍、呂郁青、賀先蕙、黃嫈琪、蔡璟臻及其他曾協助採訪我、辦講座或幫助此書完成的所有同仁，有機會和《Smart 智富》合作真的是我畢生的榮幸。也感謝教我 CB 專業的王俊傑先生、幫我照顧孩子的大姨子楊錦湘小姐，以及一路走來所有幫助我、支持我的人，謝謝你們曾經幫助過我或是買我的書、上我的講座或曾在我的文章上按讚，因為有你們的支持，讓我更有分享的動力。謹將此書獻給我目前重病的爸爸羅煥星先生，希望你看到這本書時，能讓你對你兒子目前這一點小小的成就感到一些些欣慰。

　　《作手——獨自來去天堂與地獄》這本書裡有一句話我非常喜歡——「交易中人當知曉：做錯，在己；做對，上蒼之恩惠。常存感恩念，不持偏執心。」謹以此句與本書的讀者們共勉之！

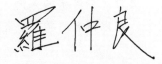

2008年11月20日
一封寫給慘賠客戶的信

　　2008 年金融海嘯時，我在證券公司當營業員。當時有一位大學剛畢業、接觸股票與期貨沒多久的客戶，慘賠數十萬元，本金虧損過半以上。那些錢是他在學期間從事保險業辛苦賺來的。他 mail 告訴我，他開了部落格寫些盤勢分析文，但又補了一句「看看就好，因為這是一個失敗者寫的。」文字中可以感受到他的失落。

　　本來對股票、期貨很有熱情的他，變得心灰意冷，就像我過去投資失利、遭逢失敗時一樣。我想讓他知道，「面對失敗」這件事，其實是人生的必修課，因此寫了一封 mail 勉勵他。有時候，失敗是沒得選的，但你可以選擇的是讓失敗變得更有價值，謹以此信與讀者們共勉之！

令狐沖（尊重客戶隱私用假名）：

　　只要在這個市場交易，不管是做股票還是期貨，幾乎很少人會一帆風順，或多或少都會有慘痛的失敗經驗，幾乎每個人都曾經是你所說的「失敗者」！

　　賠錢甚至是慘賠，是進入這個市場不可避免會發生的一件事。

什麼大師的經歷我就不講了，我自己是因為 8 年前接觸股市後就一直很有興趣才進入這行，就和你分享一下我失敗的經驗。

1. 第 1 次失敗大賠，是 2000 年網路泡沫時，第 1 次進入股市約 6,000 ～ 7,000 點進場。丟進去約 16 萬，最慘時剩 2 萬 9,800 元，賠約 80%。那時候我大四，覺得很心痛但是還好，因為那是閒錢，而且當時我爸媽會養我，我根本沒有生活壓力，加上當時我才初入股市，一無所知，所以賠錢我心痛，但自覺是自己能力不足，所以不會對我打擊很大。

這次失敗後的結果是，我買的股票（佶優 5452）傻傻地死抱著沒賣，結果它奇蹟似地從 7.7 元漲回到成本價 36 元（除權後）我才賣掉，最後是沒賺沒賠出場。

2. 第 2 次失敗大賠，是 2005 年我剛進入營業員這行時。當時我有生活壓力也有房貸（雖然 1 個月只要繳利息 1 萬元）。幸好老婆和我都有工作，所以即使生活有點壓力但還過得去。當時剛當營業員，整天被迫在電腦前面盯著盤看，再加上沒業績想要為自己做一下業績，就開始常常被盤面的波動影響，不自覺地用滑鼠點來點去，一直在做短線交易。

愈賠我就愈做，愈做我就愈賠。在當營業員之前，10 幾本股市經典的書我看了好幾遍，也有營業員的專業證照，再加上曾在幾檔股票上賺到錢，自認為在股市操作上有一定的功力，並不是個「散戶」或是「失敗者」。但我錯了，自己還是太嫩了；因為工作的關係時時刻刻盯著盤看，心情受不了盤面的波動而被影響。

我像個賭徒一樣地交易；一下子看到友達（2409）的 KD 值黃金交叉，覺得

是個機會就殺進去，一下子又看到盤中友達有千張以上的大單賣盤在賣出，就覺得大勢不妙認賠殺出，結果搞了半天是虛驚一場。

當時類似的劇情，天天在我的操作中上演，就這樣每天像個驚弓之鳥似地亂衝亂做了幾個月。半年多的時間，本金被我賠超過一半。這對當時的我打擊很大——第一次覺得自己很無能，覺得自己似乎不是做股票的料。每天心情緊張，半夜會爬起來看美股，整天都活得很焦慮，甚至非常自卑地覺得自己一無是處。後來覺得再這樣下去不行，於是重新檢視一下自己後，覺得再這樣整天很衝動地短線交易下去我會毀掉。當下就強迫自己死抱著當時看好的股票：榮剛（5009），且一有錢我就都壓這檔。

幸虧我運氣還算不錯，這檔股票被我死抱活抱，從 2006 年 2 月由 20 元開始抱到最後漲到最高 2007 年 9 月的 71.4 元，足足漲了 3 倍多還經歷過 2 次除權息。我是大約漲到 55 元以上開始分批賣，就這樣一年半多的時間，賺到人生第一個 100 萬。

3. 第 3 次失敗大賠，是在 2007 年 7 月到 2008 年 1 月投機華碩受到重創。2007 年 7 月我開始賣榮剛然後逐步轉進華碩，也是用榮剛那招「死抱活抱」，只是這時我忘了 2006 年初我還很自卑，一年半後的我則是很自傲，對自己的績效很自豪。所以這次我放大膽子用融資分批方式全力買進華碩，平均成本接近 100 元。

大概 3 個月多一點的時間，11 月初華碩因為 EeePC 的題材炒熱股價，除完權後漲上 116 元。當時華碩在飆的時候，我一天帳面獲利達數十萬；它愈飆我就

愈自大，愈覺得自己很厲害，「得意忘形」這 4 個字應該可以形容當時的我。

距離榮剛 9 月多全面出清沒兩個月，持股加分紅配股，我又賺到人生第 2 個及第 3 個 100 萬，這一切來得這麼快又這麼容易。當時帳上持股價值飆到最高點時我簡直樂翻了，還帶著懷孕的老婆去日本北海道玩，隔沒幾週又去香港玩。然後「樂極生悲」的事就發生在我身上，「死抱活抱」這招這次失效了。

2008 年 1 月，我被迫在融資快被斷頭的時候，在 75 ～ 80 元時砍掉華碩的持股。當時我的房貸開始還本金加利息，一個月要付將近 3 萬元（幾乎是我薪水的全部），同時我的雙胞胎女兒在 2 月份就即將出生，這次的失敗，我帳上的錢蒸發了 2／3，本金剩不到高點時的 1／3。而此次的失敗，可以算是我人生至今所遇過的最大打擊，因為賠掉的金額最多，同時生活壓力也是最大的。

從 1 月中賣出持股，中間經過女兒 2 月 14 日出生直到 4 月份，約 3 個多月的時間，「失魂落魄」可以形容當時的我。我又一次覺得自己很無能，覺得自己不是做股票的料，我是一個徹徹底底的失敗者。面對兩個可愛的女兒，我感到很愧疚，對自己完全喪失自信。

也許你會覺得還有 1／3 應該還好，但當時我每個月要付房貸 3 萬元、保母費 3 萬元，再加上小朋友出生時的醫療費等生活費的支出。即使出場時我有 1／3 的本金且老婆也有工作，但因為支出太大導致每個月都在透支，帳上的現金持續地減少中。加上當時的我非常沒自信，也不敢寄望能用投資再把錢變大，只擔心再丟進去會賠錢；甚至還一直想到未來可能要「賣房子」……保母費、家庭的支出壓得我喘不過氣，而且當時股市行情極差，更擔心營業員的工作可能不保。悲

觀消極到連幾年以後小孩子的教育費要從何而來，我都拿來提前煩惱（這次的失敗是敗在「過度使用桿槓」及「逆勢交易」）。

雜七雜八寫到這裡發現我真是寫了一大篇，簡直像在寫自傳，你可能也看了頭暈。寫這麼多我自己的親身經歷來跟你分享，主要是怕若是舉一些書上的例子，你可能會覺得遙不可及，所以才拿自己做文章，希望能夠對你真的有所幫助。因為你會寄這封 mail 跟我說你在寫盤後，表示你對這個市場還有留戀，還想留下來奮鬥。但又說這是個「失敗者」寫的，所以看看就好，表示你目前的心情很失落，或是像我之前失敗時覺得自己像隻鬥敗的公雞一樣喪失自信。

我 1 月份經歷華碩的大敗後，在 5 月份開始做空，我的本金就開始增加，然後還抓到 2 檔大爛股仕欽（已下市）還有歌林（已下市），本金火速在歌林空單回補掉後，增加到原來的 2.5 倍。這次我在 3 個月內獲利率約 150%，賺到我自己都不敢相信，但因前陣子被我花掉不少，加上 8 月初放空別檔股票時，自己衝太快被軋得很慘，最後還大賠出場。雖然後來有再放空稍微賺回來一部分，但還是補不了被軋的虧損。

這次大賠我的心情就平靜很多了，因為我覺得自己雖然失敗過幾次，但失敗過後都有新的成長，且在股市操作的能力上也有所進步。賠錢對以前的我來講是件痛不欲生的事情，現在就比較能看開一點，而且對自己也比較有自信一點，覺得只要有行情都有機會再賺回來。

現在比 1 月份時的本金增加了不少，但我的危機又來了。我老婆工作的幼稚園在農曆年前可能要收起來，老婆也許快失業了。我自己所處的證券業也是正在

度冬，業績不算好的我，也有被裁掉的可能。該死的政府不准人家放空股票的這段期間，現在都跌到我不太想放空的位置，只能眼睜睜看著想放空的股票一路下跌。多頭行情又不知道何年何月才會發動？

寫到這裡我想說的是，「人生是一連串的挑戰，你會面對一連串的打擊。」我以前在校園裡的想法太天真了，總想說有個國立大學的文憑，就算沒辦法飛黃騰達也能有個穩定的工作。出社會快5年，我只能說現實生活中老天爺總是喜歡和你唱反調，丟一些難題給你去解決，我是這樣子，現在的你也是這樣子。

就像我之前有寄給你的一封 mail 內提到，如果你離開這個市場也未嘗不是好事，畢竟這個市場很殘酷，而且不是每個人都適合的。如果你留下來的話，那你就想辦法讓你自己變強，想辦法讓自己在這個你所謂的「戰場」上生存下去吧！你還年輕，沒有家庭的負擔，不用背房貸；你比我有更好的條件承受失敗。再說一次，「失敗是每個人必經之痛，能不能從失敗中學到東西然後成長才是最重要的。」與其傷感你自己的失敗，不如多看點股市的書，多檢討失敗的操作讓自己成長。

我不知道你什麼時候會讓你的操作賺錢？也許是半年，也許是1、2年之後，也或許是5到10年。總之「不要急」，慢慢來吧！未來的路還很長，如果你的能力一點一點地成長，成功是指日可待。如果真的不行，就遠遠地離開股市及期貨，不要再來，畢竟人生成功的路不是只有金融操作而已。

PS. 我從早上9點開盤寫到現在下午2點半收盤才寫完。真是寫得有夠累的，希望對你有幫助。祝順心！

書呆子闖台股
挫敗中學經驗

16萬
9萬保單貸款＋儲蓄

2000.09
起點

20萬
股票操作小賠，
資產增加主因是儲蓄

2004.05
第8站

保單借款9萬
存進第1個股票戶頭

2000年9月2日

遲來的人生啟蒙課：課業上我很用功，但卻不知為何而戰？不知道自己的人生到底該往哪個方向走？哪個科系、哪個領域才是我真正喜歡的？我對自己的未來一片茫然……

　　我從小就過著標準的台灣小孩生活──認真讀書、補習，當一個只以課業成績為生活重心並以考取名校、熱門科系為目標的好學生和乖孩子。以課業來講我還不差，桃園國中班上第 2 名畢業，聯考考上桃園區第一志願──武陵高中，高中時以班上第 3 名畢業，並推薦甄試上國立中央大學土木系。行為方面也都中規中矩，沒犯什麼大錯給父母惹上麻煩。從「課業和行為」的角度看來，我是個沒問題的孩子；然而以「人生規畫」的角度來看，我在求學階段就出了很大的問題。

用功讀書當好學生，對未來卻一片茫然

　　過度重視課業的結果，讓我對其他領域涉獵甚少。我只知道要在課業上努力，這樣才有機會考上好的學校和科系，將來才有機會找到高薪的好工作。課業上我很用功，但卻不知為何而戰？不知道自己的人生到底該往哪個方向走？哪個科

系、哪個領域才是我真正喜歡的？我對自己的未來一片茫然……

　　高三時知道自己和班上以第 1 名畢業的同學，一起推薦甄試上中央大學土木系後，導師建議我們兩個去參加聯考，應該可以考上更熱門的志願。但在當時，我只想到既然已經推薦甄試上了，就可以不用再辛苦地準備聯考，而且考上國立大學土木系的結果，已經可以向父母、親友們交代。

　　就這樣，一間可以向父母期望交代、在親友面前提起時還不算丟臉的國立大學，以及一個雖然不是特別喜歡，但也不討厭的科系，這對當時的我來說已經足夠了。於是就這麼對未來有點茫然地玩社團、學電腦、念一些不算討厭的書、交女朋友……一直到了升上大學四年級，我才接觸到人生第一個想要發展的領域──股票。

　　而我人生第一次知道有股票這種東西，主要是因為我媽媽。她在 1990 年（民國 79 年）台灣股市大多頭時，用非常高的價格買了幾檔股票，後來幾乎都以慘賠收場。印象裡其中有一檔是南企（京城銀行前身），她用 300 元～ 400 元的天價買進之後，就一路慘套好幾年不願意認賠，直到後來跌到 40 元～ 50 元時，她實在受不了才認賠殺出。當時我對股票唯一的印象就是，這個東西讓我媽賠錢賠得很慘。

網路泡沫台股大跌，首度前進股市抄底

　　2000 年全球網路泡沫的時候，可能當時股市裡的錢實在太好賺了，我媽媽忘了之前股市給她的慘痛經驗而再次投入股市。只是這次她改變方式不再單打獨

鬥，選擇花錢加入會員，跟隨投顧老師用融資的方式買了不少茂矽（2342）、華邦電（2344）、力晶（於 2012 年下櫃）這些 DRAM 股大賺了一票。

大盤在 2000 年 2 月時見到高點 10,393 後開始反轉，到了 2000 年 8 月跌到 8,000 點左右時，我媽那時大概覺得股市裡的錢來得很容易，又覺得已經跌到谷底，機不可失！就乾脆用我在國泰人壽的保單質借了 9 萬元當作我的本錢（詳見註 1），並叫我去做股票，說賠了她會幫我還錢，叫我去抄台股的底。

我當時正要升大四，才剛開始對股票有點了解和興趣，但是從來沒有買過股票。因此，9 萬元對當時還是大學生的我來說，算是一筆不小的錢，我手上從沒拿過這麼一大筆錢，雖然很怕把這筆錢賠掉，但又躍躍欲試。於是 2000 年 9 月 2 日，跑去我媽開戶的富隆證券（位於桃園市中正路上）開了我人生第一個股票戶頭，從此踏入股票市場。

註 1：**保單質借**：憑有效且有保單價值準備金的保單，可以保單為抵押，向保險公司借款。

第1站

買股初體驗
撿不到便宜反虧錢

2000年9月初──中石化（1314）

首戰淪為滑鐵盧之役：在股市裡經驗很重要，股市裡有許多看似不合邏輯的事情，其實都有其符合邏輯的解釋。沒有實際操作、用心研究和檢討，無法了解這些事情發生的原因。

曾經聽過一個故事：

有間河岸旁的寺廟門前，一對大石獅因為水災的關係掉進了河裡。事後村民們為了要重建寺廟，打算把大石獅給撈上來，但是因為河水湍急，村民們猜想大石獅一定是被沖得很遠、跑到下游去了，可是在下游卻怎麼找都找不到，白白浪費了許多時間和力氣。這時候，有位很有學問的教書先生說：「大石獅又堅固又沉重，河砂疏鬆又輕浮，所以大石獅應該還在掉落的地方，只是因為深陷其中被河砂給淹沒了。」

村民們覺得很有道理，就在石獅子掉落的地方挖掘打撈，但始終還是找不到。這時有位老河工說：「你們都錯了，大石獅應該在上游。」村民們覺得很納悶，教書先生也在一旁嗤之以鼻、不置可否。人人心裡想，河水是往下游流的，怎麼可能幾千斤重的大石獅反而會是在上游？

老河工就說：「正因為大石獅結實、沉重而河砂鬆散又輕浮，所以從上游流下來的水沖不動這對大石獅，反而會把大石獅下方的河砂給沖刷走。慢慢地在大石獅下方沖出一個砂坑，等到砂坑愈沖愈大，這對大石獅就會失去平衡而往後翻倒在沙坑裡。就這麼一再地重複這個過程，日子一久，大石獅就會這樣一路翻到上游。」後來村民們果然在上游找到那對大石獅，也證明實務經驗豐富的老河工說的是正確的。

用理論選股，股價表現卻差很大

我人生買的第一檔股票是代號 1314（諧音一生一世）的中石化，操作的過程就像故事裡的村民和教書先生一樣，選股的邏輯很理論化，但是和現實狀況有落差。

2000 年 9 月初入股市的我，當初買中石化的理由很簡單，我買進的股價約 7.5 元附近，它當時的淨值在 10 元以上。淨值 10 元，市場才賣 7.5 元；頭腦單純的我覺得，這怎麼都是件物超所值的交易，只要不貪心，等股價回升到 9 元就好，這樣獲利就有 20%，就是定存的好幾倍！

結果這筆看似物超所值的交易，從買進開始就一路跌跌不休，股價一直處於弱勢。還好當時即時認賠殺出，不然同年的 12 月最慘跌到 3.75 元，距我當時的買進價剛好腰斬。而後來才知道它大跌是因為基本面反轉向下，2001 年每股大虧 2 元多，2002 年也是虧損的，連續虧損兩年。

心得與檢討

❶**只用股價低於淨值作為選股理由，顯然不見得會讓人撿到便宜**：只因為股價低於淨值就買進，我當時的決策過程顯然太粗糙，應該還要綜合考量其他因素。

❷**股價漲跌不是算數那麼簡單**：身為國立大學理工科的畢業生，我的數學能力告訴我當時中石化的股價是淨值的七五折，因為低估了 25%，股價應該要回升。但是身為一個股票操作者，實際市場的狀況告訴我，因為中石化深陷虧損加上當時大盤的氣氛不佳，股價反而會在淨值七五折的位置再往下跌 50%。

❸**在股市裡經驗很重要**：股市裡有許多看似不合邏輯的事情，其實都有其符合邏輯的解釋。沒有實際操作、用心研究和檢討，無法了解這些事情發生的原因。

第2站 錯誤的攤平 只換來愈攤愈「貧」

2000年9月初──宏電（已合併）
從照後鏡看不到未來： 股票永遠都是展望未來。即使是昨日的王者，也不代表它能一直保持從前的雄風。

　　買進中石化不久後，我也開始買進當時的績優股「宏電」（詳見註1）。因為那時宏電每年股利約2元～3元，且當時的董事長施振榮無論人品或地位，在台灣科技業都是一時之選。而且那時宏電股價還不到30元，和過去幾年宏電100元～200元的高價比起來，30元簡直太便宜。

選到獲利成長好股，股價下滑才值得加碼

　　低廉的股價和過往穩定的股利政策，這次我深信自己一定撿到便宜了！就從30元開始買，結果股價一天比一天低，我就再買，股價還是一直往下跌，我繼

註1：宏電全名為宏碁電腦，於1988年上市。2002年將代工事業分割為緯創（3231），同年與同為宏碁集團次集團的宏碁科技合併生效，宏碁科技為存續公司，並更名為宏碁公司。

續買。最後跌到 20 元出頭，自己受不了股價一再地探底，於是就把它砍光光，股價最後跌到了 10 幾元。事後才知道原來當時宏電的營運正在走下坡，直到後來宏電重組成為現在的「宏碁」（2353），營運才又重新蒸蒸日上。

依這次宏電的案例，我的「加碼攤平」是錯誤的，因為事後我檢討和研究發現，當時宏電已經「結構性」的出現長期競爭力下滑的狀況。宏電的業績不好及股價下跌不是因為一時的短期因素造成的；宏電當時雖然是熱門的電子公司，但是它的獲利能力已經出現了問題（所以後來宏電才會進行組織改造）。

如果只是一時的短期利空因素造成股價下跌，但長期獲利能力沒問題，甚至獲利能力持續提升，此時股價下跌反而是加碼的好機會（在股價未過分高估的狀況下），這時候進場攤平就變成是正確的。

心得與檢討

❶**過去的績效不能保證未來獲利**：「從照後鏡看不到未來」，昨日的輝煌不代表未來的獲利，而股票永遠都是展望未來。即使是昨日的王者，也不代表它能一直保持從前的雄風。

❷**要不要攤平？沒有標準答案**：買進後股價下跌而進場加碼攤平自己的持股成本，是好？還是壞？要視狀況而定，沒有一定的答案。

富爸爸也會失足
勇於認錯才重要

2001年1月初──世界先進（5347）
再強的贏家也有錯誤的時候：台積電和張忠謀給了我一個良好的示範，
做事情就是要「能屈能伸、勇於認錯」。發現決策錯了要即時修正，
而不是死不認錯地一直死撐。

　　我剛開始做股票時，受《傻瓜股票聖經》這本書裡的論點影響很大。書中有一個觀念我非常認同：「一般人如果想像一些事業有成的富豪們，用同樣的速度增長財富，就要去買他們開的公司的股票、跟隨聰明腦袋。郭台銘、張忠謀、林百里、施振榮、王永慶這些台灣成功企業家的財富，有很大一部分不是來自他們的薪資，而是來自他們持有自己公司的股票所發放的股利，並同時受惠於這些股票在股價上的上漲。所以雖然一般人的膽識和能力很難及得上這些人，但買了他們公司的股票，就等於擁有和他們同樣的財富增長能力。」

富爸爸失靈股價一路跌，及時停損止血

　　我挑了宏電是因為施振榮，雖然結果不好，但我還是認為《傻瓜股票聖經》講的是對的。故在宏電之後，2001年1月初我又挑了世界先進（5347），因為當時它的母公司是台積電（2330），而董事長是張忠謀，是台灣最具聲望的企

業和企業家之一。

　　張忠謀自己也持有相當數量的世界先進股票。有台積電和張忠謀的眼光做靠山，所處的又是當時極富前景的半導體產業（一部分晶圓代工＋大部分做DRAM），再加上世界先進這個公司名稱看起來就很順眼，又是「世界」、又是「先進」，給人的觀感就像一間深具前景的公司，而且股價才剛從高點大跌一波之後開始回升。所以在母公司、董事長、產業、公司名稱以及價格我都很滿意的情況下，自己深信這次不賺也難，於是在股價 20 元附近進場買進世界先進打算撿便宜。

　　我剛開始還嘗了一點甜頭——帳面上一開始還有一些獲利，但後來世界先進的股價就像其他的 DRAM 股一樣一路下滑。當時的我簡直難以置信，為什麼所有條件我都覺得很好的情況下，世界先進的股價還會這樣跌跌不休？最後我受不了它一路下跌的弱勢，雖然痛心，也只能在 10 幾元時將它停損賣出；也還好有賣，不然看到後面出現 5 元、6 元的股價，我大概會吐血不止！

心得與檢討

❶**產業前景差、公司沒實力，富爸爸再強也沒用**：市場殘酷地教訓我這個既天真又白痴的大學生；即使看起來條件都很好，即使公司的名稱叫世界「先進」，股價還是會「倒退嚕」，不見得能按照自己所想的——會一路「前進」。股價會不會派，和它的公司名稱一點關係都沒有，而公司自己本身所處的產業（DRAM）不對或自己沒有實力，富爸爸再強也沒用。

❷**聰明腦袋也可能犯錯**：我依然還是認為《傻瓜股票聖經》這本書裡「跟隨聰明腦袋」這個觀念是正確的。只是不能一廂情願地永遠都硬套上這個道理來使用，還要斟酌

其他客觀的條件，例如評估公司是處於成長期、高原期還是衰退期？公司本身是否有足夠的競爭力和對手競爭等種種因素。還有就是要保留公司經營階層決策可能會錯誤的空間，不能以為像台積電這樣的公司、像張忠謀這樣的人物就不會犯錯，再強的贏家也都會有判斷錯誤的時候。

❸**發現決策錯了要即時修正**：後來世界先進逐步淡出 DRAM 市場，轉型成晶圓代工的半導體廠，營運才開始趨於穩定。台積電和張忠謀給了我一個良好的示範，做事情就是要「能屈能伸、勇於認錯」。發現決策錯了要即時修正，而不是死不認錯地一直死撐。世界先進還好轉型成晶圓代工股，不然如果繼續做 DRAM，到現在肯定一路虧到破產。

第4站

「明牌」變「冥牌」
幸好走運股價翻轉

2001年4月初──佶優（5452）
光聽「明牌」不做功課栽跟頭：自己不用心研究做足功課，光聽別人的建議就買進非常危險。

　　2001 年 4 月，當時初入股市不滿 1 年，我自修的方式除了看書，就是看第四台的投顧老師們解盤。一台一台地看，有時一天下來看了 4、5 個鐘頭，輪番看了 10 幾個老師的節目，這樣亂學也學了不少東西。當時第四台的投顧老師們在我的眼中，覺得他們一個比一個專業又有自信；看著他們公開的績效，一個一個像神一樣，而自己卻蠢得像豬一樣。

資金蒸發8成，面臨人生第1次慘賠

　　有一天我在看《非凡股市現場》，一位分析師在節目中大力看好佶優（5452），聲稱他投入股市以來，從未見過如此有潛力的股票，講一堆好話大力推薦它。當時人頭豬腦的我也沒深入研究，只稍微上網看了一下資料，就心情很 high 地準備隔天一大早衝進去全力買進。那時在 40 元附近買了 4 張，本金 16 萬元全部投入，買進前幾天有小賺一些，然後我人生第 1 次的慘賠就發生了。

佶優股價從高點 48 元開始滑落,跌跌不休連跌半年,連續鎖跌停好幾天也是家常便飯。一路慘跌到最低點 7.7 元,投入的 16 萬元剩下不到 3 萬元;幾乎把我多年存下來的零用錢、紅包錢和我老媽給我的 9 萬元本金快賠光了。這是我人生第 1 次的慘賠,對當時還是大學生的我而言,真的是非常刻骨銘心的震撼教育。這次的經驗讓我知道,原來股票除了會正常的上下波動之外,下跌的時候還可以跌得這麼慘烈。

當時被慘套後我看了一下佶優的財報,平均每年每股盈餘(EPS)大概有 1 元

圖1 **買進後套牢9個月,漲回成本價時急忙脫手**
——佶優(5452)月線走勢圖

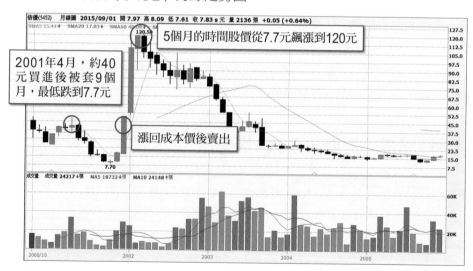

資料來源:XQ 全球贏家　整理:羅仲良

（當時我真的是有夠笨，花 40 元買一檔 1 年只賺 1 元的股票）。我想再怎麼爛，以當時台股的本益比水準，用 15 倍的本益比來算，它至少能反彈到 15 元吧？所以我就放著不管。

果然大盤在 2001 年 10 月開始反彈，佶優的股價也開始回升，而且是強勢回升，每天都以漲停板連續地往上飆升。至於它為何狂漲？完全沒有半點消息。總之，真的是一段很誇張的狂飆，即使到現在來講，它還是我人生經歷過的股票中漲得最誇張的一檔，2 個月之內狂飆 5 倍多。當漲到我的成本時（反正原本就只期望能漲到 15 元而已，能漲到成本價已經大出我的意料之外），就趕快賣掉了。

補充

2001 年 5 月～ 6 月，我靠自修拿到「證券營業員證照」和「期貨營業員證照」，除了考量未來如果往證券業發展可能會用到，也利用考證照的機會學習證券交易實務、法規、財務分析、投資理論等相關知識。這些知識有許多內容十分地枯燥乏味，剛好藉由考證照強迫自己學習。

心得與檢討

❶**不要亂聽「明牌」操作**：不然很容易變成「冥牌」，即使是專業分析師的明牌也一樣。

❷**投資股市得自己用功做功課**：隨意聽信別人的意見又不做功課的代價是如此高昂，還好我走了狗屎運，不然差一點就要全軍覆沒。

❸**一檔股票如果莫名其妙一直大幅上漲，千萬不要賣，這背後一定有不為人知的原因**：佶優飆到 70 元～ 80 元時才有新聞說，新產品獲得大廠認證後的大單，EPS 挑戰 10 元，年增率 10 倍起跳，後來最高狂飆到 120.5 元，是當時大盤那一波反彈時，所有上市櫃股票漲幅最高的個股。

❹**反之，如果一檔股票莫名其妙地大跌也千萬不要買**：原因以後才會知道，但重點是它「正在」下跌。

第5站 盡信媒體消息
獲利變成紙上富貴

2002年初──凱崴（5498）

別淪為主力出貨受害者：盡信媒體消息很容易會被誤導，投資人應要能獨立思考。

2002 年初，我當時自行研究 PCB（印刷電路板）鑽頭廠商凱崴（5498），從研究報告中知道它具有獨特的競爭利基。當時它擁有不鏽鋼與碳化鎢接合技術，較其他廠商必須使用整支碳化鎢研磨，成本可以比別人還低 3、4 成，生產時間也大幅減少。

那時全球僅有日商 Union Tool 及其轉投資之子公司具此項技術，所以我認為凱崴是檔利基型的小型潛力股，於是就在股價 20 元附近買進。當時我哥哥和姑姑聽我講到這檔，也聽從我的建議一起買進。另外老婆的一個親戚也聞風拿了錢給我，請我在我的戶頭裡幫她買幾張。

過沒多久，凱崴一路上漲，我的跟隨者們和我都非常高興。漲到 30 元附近時，有一天報紙刊出很大的篇幅說，凱崴每股盈餘（EPS）上看○○元，獲利前景多好又多好……這個大利多新聞刊登的當日，凱崴創下波段最高價後爆量，股價從

此一路下滑。當時的我傻傻地捨不得賣，一直期望著報紙上美好的獲利前景會實現。結果我從 30 元又一路緊抱持股到 20 元，最後在 20 元附近小賠一些賣出；50% 的獲利紙上富貴一場，最後還倒賠一些。

心得與檢討

❶**小心主力利用媒體幫忙出貨**：從這次的經驗我才知道，原來「主力」會利用媒體放利多消息幫助出貨，所以利多見報時要小心。我後來才發現這根本就是股市裡很平常的老把戲，而當時沒經驗的我，卻被報紙上擘畫的美麗前景給唬得一愣一愣的！

❷**緊抱不停損，最終受害最深**：這次的操作，我哥哥最聰明，在凱崴漲到 27、28 元附近就知足地獲利了結，成為唯一的受益者。我自己和老婆親戚的部分則小賠一些，而我因為不好意思讓我老婆的那位親戚，因自己的操作失利而受損，於是就善意地騙她說沒賠，把她的錢原封不動地還給她。然而我的姑姑因為捨不得那一點點損失，就用她的絕招「不賣就不算賠」的操作觀念繼續抱著，卻在後來受害最深；親姑姑也因此成了我操作股票以來，第一位被自己「報明牌」而受害的犧牲者。

❸**你可以報明牌給人，但是你沒辦法強迫對方要照你的方式去操作**：我後來的經驗告訴我，很少人可以對他人完全言聽計從，大部分的人雖然聽別人的明牌而買進，但還是會用自己的方式操作股票（包括我自己）。

首次有感獲利
激起股市發財夢

2002年6月──群光（2385）

憑三腳貓功夫誤打誤撞小賺：當時我心想，就憑我那「兩光」的三腳貓功夫，就可以在 12 天賺了 2 萬 2,000 元，幾乎快要是一些上班族 1 個月的月薪。如果未來好好學習股票投資這檔事，豈非前途無量？

　　因為先前宏電操作失利，讓我認知到選股應該要買股票的「未來」，而不是為了那檔股票的「過去」而買進。後來選了分析師認為有前景的佶優（5452），結果因為只聽信分析師的建議就直接進場買進，自己事先完全沒做什麼功課，差點以慘賠收場。

　　吃了一次「偷懶不做功課」的虧後，讓我了解到光聽明牌就買股的愚蠢（笨到花 40 元買一檔每股盈餘只有 1 元的佶優），和自己做功課的重要性。從此我操作的每檔股票，自己都必定先研究過，即使是從電視上聽分析師或從專業報章雜誌上看到的「明牌」，我也會自行研究之後，確定已經把別人的明牌轉化成自己能認同的標的後才買進。

　　當時我也不是自認比電視上的分析師、或報章雜誌上的專欄作家還專業，只是覺得即使賠錢，死也要死在自己的手上，而不是糊裡糊塗地死在別人的手上。死

在自己的手上，我還可以學到一點教訓；死在別人的手上，除了顯現自己的愚蠢和懶惰之外，其餘一點幫助也沒有。

運氣好買到波段低點，12天賺進22K

結束了令人扼腕的凱崴（5498）之戰後，2002 年 6 月我挑了做鍵盤的群光（2385）。我看好它當時的營運正在成長，而且獲利不錯；2002 年第 1 季單季每股盈餘（EPS）約 1.4 元，用 1.4 元乘以 4 個季度，當年就大概可以賺 5.6元（當時我只會用「1 個季度乘以 4」這種白痴估算法去估它的獲利，後來當然知道這樣的做法容易失真）。

以當時群光股價 40 多元來看算很便宜，所以 2002 年 6 月 27 日，我用 42元出頭的價格買了 4 張群光。當時我顯然運氣不錯，剛好抄到群光一個波段的底部，買了沒多久就開始上漲。但是因為我才剛抱了凱崴漲上去 50% 後又抱下來賠錢賣掉，怕重蹈覆轍的我，忍不住在 2002 年 7 月 8 日群光來到 48 元多的位置，就急忙賣掉它來實現獲利。就這樣，12 天我賺了 2 萬 2,000 元左右。

我從 2000 年 9 月進入股市，一直到 2002 年 7 月群光獲利之前，近兩年的時間大概交易了快 20 檔股票，期間雖然有驚無險地從沒受過致命的虧損，但大多不是賠錢收場，就是一些「無感獲利」。因此群光這仗「12 天賺了 2 萬 2,000元」，算是我第一次賺得比較有感覺的經驗。而這次的「有感獲利」對當時即將大學畢業的我來說，就像毒品一樣，讓我從此更為股市著迷。

當時我心裡想，就憑我那初入股市很「兩光」的三腳貓功夫，就可以在 12 天

賺了 2 萬 2,000 元，幾乎快要是一些上班族一個月的月薪。如果未來我好好學習股票投資這檔事，豈非前途無量？

久旱逢甘霖，群光小勝的鼓勵，讓我對未來的股市人生更加充滿期待。當時自己就像所有沉迷於賭博而不可自拔的人一樣，只記得賺到錢的那股快感，卻忘了自己其實還是個老是賠錢的人。

第7站 與地雷股邂逅
閃得快躲過慘賠

2003年5月──訊碟（已更名）

原來財報可以造假：直到一年多之後，訊碟爆發董事長呂學仁掏空弊案，我才知道原來當時訊碟的高淨值是假的。

　　大學畢業後沒幾個月我便去當兵，那時是 2002 年 11 月。當兵時操作的股票，稍微比較值得一提的，就是在 2003 年 5 月碰到了光碟股訊碟，現在已更名為吉祥全（2491）（詳見註 1）。當時會選訊碟，理由和我人生第一檔股票中石化（1314）的選股一樣──「股價嚴重低於淨值」；淨值 20 幾元，股價只有一半左右，10 元多。

　　從前操作中石化時股價是淨值的 75 折，這次挑到的訊碟股價則約是淨值的 5 折。買進中石化時它正由盈轉虧，而當時的訊碟則是在轉虧為盈。股價才 10 元出頭，加上淨值又打了 5 折，兩者差價這麼多，我心想這次總該沒錯了吧！於是在 2003 年 5 月 15 日以 10.8 元左右的價格買進 15 張訊碟的股票。

註 1：2007 年訊碟辦理減資與私募，8 月底更名為吉祥全球實業公司。

我當兵時負責連隊的作戰、訓練業務，所以有時候會在連辦公室和我們連上的預財士聊聊股票。當時我跟他提到了訊碟這檔股票，他也覺得訊碟的股價很便宜，值得買進，於是他跟了我的風，進場買了一些訊碟的股票。

爆大量時乖乖出場，幸運獲利3成

2003 年 6 月初，訊碟股價開始發動一波上漲走勢，而在 6 月 12 日爆大量的當天，我在股價漲到 14 元附近賣掉獲利了結。前後不到一個月，賺了 4 萬8,000 元左右，獲利近 3 成。而我們連上的那位預財士則選擇續抱。直到一年多之後，訊碟爆發董事長呂學仁掏空弊案（詳見註 2），我才知道原來當時訊碟的高淨值是假的。我當時雖然是判斷錯誤，但因為操作正確，卻也誤打誤撞地賺了一筆。

後來我剛去元富證券當營業員時，由於缺開戶數，所以我找上了當兵時的那位預財士，請他幫忙衝開戶數。和他聊天之後，才發現他的訊碟竟然還沒賣，同時跟我抱怨買到這檔「迅速下跌」的地雷股，真的是有夠倒楣。當時，我一邊安慰他，一邊自己在心裡偷笑，「還好我閃得快，沒踩到地雷。」這是我人生第 1次和地雷股邂逅。

註 2：訊碟於 2000 年上櫃，曾為上櫃股王，2001 年上市。2000 年時訊碟辦理現金增資，將資金用於購併海外孫公司，購併用的資金卻有大部分流向不明，事後又認列此筆轉投資的鉅額虧損。2002 年時任董事長呂學仁又涉嫌以虛假交易美化公司帳面，於香港發行可轉換公司債，虛設人頭公司認購，且認購資金並未實際繳納，而後更將所取得的可轉債全數轉換為訊碟股票出售，所得資金全數匯往海外、不知去向。2004 年 9 月全案爆發，訊碟被打入全額交割股。

心得與檢討

❶**盡信財報很危險**：訊碟告訴天真的我一件事，原來財報竟然可以造假，看似營運正常的財報數字有可能只是一場騙局。

❷**在股市中最好謹言慎行**：只是跟人隨便聊聊天也間接讓別人賠了錢，在股市裡講話真的要非常小心。

第8站 瘋狂K書自修
重新紮穩基本功

2002年11月～2004年5月
能賺錢的方法就是好方法：方法和觀念是不是一樣，這不重要，重要的是他們都用適合自己的方法，取得了交易的成功和驚人的財富。

當兵時我一有空就瘋狂地猛K股票相關書籍；舉凡選股、技術分析、財務分析等等的書，我統統都看。有的書甚至重複看了4、5遍以上，一年半下來K了數十本與股票有關的書。

這樣子瘋狂K書，學到了不少東西，但也K出了許多的矛盾。

有的書教你要長期投資，所以遇到股價波動暫時被套牢時，要緊抱持股並等待後來的回升；有的書教你要嚴設停損點，虧損到一定的百分比時，無論如何都要當機立斷、執行停損出場。

有些書籍作者認為，技術分析沒什麼用處，基本分析才是王道；有的書裡的贏家卻說，基本分析讓他賠了一屁股，靠著技術分析才累積到現在的財富。弔詭的是，持相反意見的兩方，都同樣地在股市裡賺取了鉅額的財富，但是對相同事情

的看法卻是南轅北轍。這樣的矛盾在心中困惑了我好幾年，也影響了我的操作；常常遇到股票被套牢時，內心會想著要忍耐、要堅持到底，但隨即又覺得是不是應該要靈活操作、迅速停損才對呢？

後來隨著年齡和操作經驗的增長，我才慢慢地找到這種互相矛盾（同樣是股市贏家對相同事情的說法卻不同）的答案。

投資方法沒有對錯，只有適不適合

以《金融怪傑》這本書為例（詳見註 1），當中幾乎每個交易員都認為「耐心」、「控制風險」、「從失敗中學習」是很重要的，但是對於「技術分析」的實用性，商品投資大師、量子基金共同創辦人吉姆・羅傑斯（Jim Rogers）和 9 次全美期貨、股票大賽冠軍的馬提・舒華茲（Marty Schwartz），這兩位大師卻抱持完全相反的意見。

吉姆・羅傑斯說：「我不曾碰過靠技術分析致富的人。當然，這不包括出售技術分析圖表的人在內。」馬提・舒華茲卻說：「如果有人對我說，他從未見過一個發財的技術面分析師。我會嗤之以鼻，因為我當了 9 年的基本面分析師，結果卻是靠技術分析致富。」讓人感覺這兩位大師如果面對面討論「技術分析」這個議題時，大概會彼此吐槽然後大吵一架！

註 1：《金融怪傑》（Market wizards）為作者史瓦格（Jack D. Schwager）訪問多位傑出交易員所撰寫而成。

　　對於「停損」這件事，許多交易員都認為嚴設停損至關重要，但是羅傑斯和股神華倫‧巴菲特（Warren Buffett），他們在面對虧損時卻通常傾向堅持自己的看法、緊抱自己的部位。巴菲特甚至説過以下這些話：「不能承受股價下跌50%的人就不應該投資。」、「當我和查理（指巴菲特最重要的合作夥伴──查理‧蒙格 Charles Munger）買下一檔股票時，我們頭腦中既沒有考慮到出手的時間，也沒有考慮過出手的價位。」、「我們偏愛的持股期限是永遠。」巴菲特的話充分地表現出他在買入時，並未思考需要停損操作（實務上，巴菲特仍會認賠賣出股票，但原因來自該公司的經營惡化，而非因為股價下跌）。

　　會有這種觀念幾乎完全相斥、互相矛盾的現象，其實答案很簡單。就是羅傑斯、舒華茲、巴菲特，或其他股市中的贏家，他們都是不同的人。他們的出生地、父母親、成長環境、學校教育、人生的經歷、思想、操作的經驗和專業等等都不盡相同。因此，他們所擁有的個人特質，必然存在著差異性，既然有差異存在，各自所用的方法和所持的觀念不同，當然是件很正常的事。

　　所以，討論他們的看法到底是誰對誰錯，就像討論「一隻鳥和一隻烏龜要渡河時，鳥用飛的，烏龜用游的，到底誰才對？」一樣沒有意義。方法和觀念是不是一樣，這不重要，重要的是他們都用適合自己的方法，取得了交易的成功和驚人的財富；重要的是他們都對自己的方法深具信心，甚至到了對相異的看法不屑一顧的程度。

PART 2 新鮮人懷致富夢 前進證券業

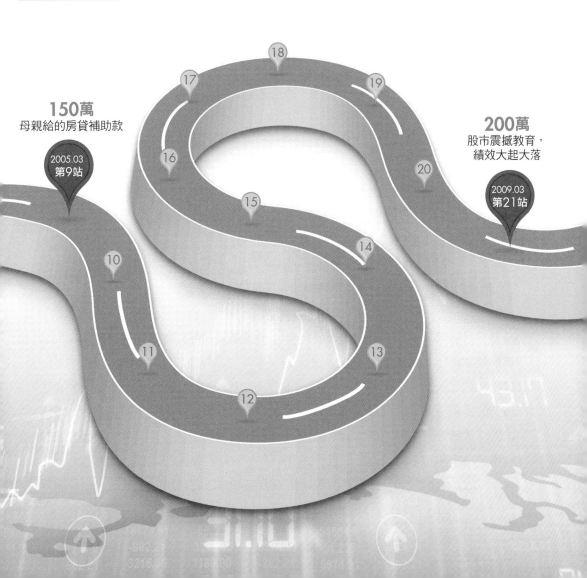

150萬
母親給的房貸補助款

2005.03
第9站

200萬
股市震撼教育，
績效大起大落

2009.03
第21站

18

17
19

16

10

20

15

11

14

12

13

不願當賺錢機器人
立志投身股海

2005年3月

錢要賺，生活品質也得顧：財富自由我要、時間自由我也要，我想要兩者兼得所以立志踏上股市之路。

　　快退伍前，我面臨了就業問題。當時覺得自己從小到大像是溫室裡的花朵，沒受過什麼挫折，所以想磨練一下自己，加上當時信義房屋有保障底薪 4 萬元，於是就選擇到信義房屋上班，學習當個房屋仲介。

從事爆肝房仲業，犧牲時間、健康拼業績

　　曾經有新聞報導說房仲業是爆肝行業，事實確實如此。從事房仲業那段期間我真的是累垮了；每天早上 8 點多去上班，常常搞到晚上 10 點甚至 11 點才能回家。平均每天大約工作 13、14 個小時，不但業績壓力極大，店長每天都會去盯你的行程並且要求業績，完全沒有所謂的休假品質；一個月大概只能放假 3、4 天（業績好時忙到不能休假，業績不好時不敢休假），並且因為客戶大多都是利用假日看房子，所以自己大部分的休假只能安排在星期三或星期四。在非假日休假，因為女朋友和家人都在上班，所以我只能自己打發時間。

從事房仲期間遇到重要節日時，也常常為了「衝業績」這個偉大的藉口，不得不犧牲許多和家人相聚的時間。就算好不容易放了一天假，卻也常常不得安寧，不時會接到客戶或同事們來電問東問西。但唯一的好處是——當仲介真的能賺到不少錢。自己出社會的第 1 次過年，當時上班不過 7 個月的我，年終獎金加上那個月的底薪和獎金，整整領了近 13 萬元。以一個出社會不到 1 年的社會新鮮人來說，能領到這個金額確實算滿多的。

為顧及生活品質，告別機器人生活

過了 7、8 個月這種像機器人「瓦力」（詳見註 1）般的惡劣生活品質後，有一次放假，身心俱疲的我買了一本期貨聞人張松允的著作《從 20 萬到 10 億》。看著書中熱情的他把操作當作一生的事業，每當讀到書中精彩處，如「要知道放空就是在一檔個股已經確定處於懸崖邊了，在最危殆的時候再補踹它一腳，讓它死無葬身之地。」都令我在心中不住拍案叫絕、讚嘆不已！這本書把我心中沉寂已久對股票的熱情，徹底給喚醒了……。

結束休假恢復上班後的某一天，那時晚上 10 點多，我邊休息、邊看著坐在旁邊的兩位「瓦力」同事：「瓦力學長」（做了 3 年升上專案經理）和「瓦力店長」（做了快 4 年、超會緊迫盯人的）。我們這群「瓦力」，在深夜 10 點多了都還耗在公司裡，尤其「瓦力店長」還是個有老婆和兩個小孩的人，看他幾乎沒什麼時間陪孩子，這樣的生活品質實在不是我想要的。

註 1：2008 年由皮克斯動畫工作室製作、華特迪士尼影片出版的動畫電影，主角為名叫「瓦力」的清掃型機器人。

　　看看他們，我心裡想，自己並不希望熬了幾年後還是過這種「瓦力生活」，再加上受到張松允那本書的召喚，於是毅然決定轉入證券業。反正自己大學時就已拿到證券、期貨證照，此刻想轉行的我連準備都不用準備。

　　提出辭呈一個月後，因為當時所面試的幾家證券商中，元富證券桃園分公司的呂惠美經理讓我感覺最投緣，加上令我產生轉行念頭的張松允，以前也當過元富證券的營業員。我覺得自己和元富證券還滿有緣分的；2005 年 3 月，便進入元富證券桃園分公司，開始了在證券業當營業員的日子。就這樣，結束了那段令人身心交瘁有如賺錢機器人的 9 個月房仲生活。

心得與檢討

❶**目標成為專業投資人**：自從踏入證券業後，唯一的目標就是「希望總有一天，能成為一位財富自由、時間自由的專業投資人」。

❷**堅持下去才有成功的可能**：在信義房屋工作的 9 個月，我學到最重要的一件事就是：「永遠不要輕言放棄」，成功和失敗常常就只差那一點「堅持」。

❸**不能因害怕失敗而裹足不前**：行動可能失敗，但因為害怕失敗而不行動則是最大的失敗。

第10站 看出財報破綻 第1次放空地雷股

2005年5月——鼎大（已下市）

歷史會一再重演：只要有利可圖，掏空公司、業績造假的事情就會不斷地在股市中發生。如同傑西‧李佛摩所說的：「華爾街永遠不變，因為人性永遠不會改變。」

2005 年 3 月我進入元富證券桃園分公司當營業員，剛入行不久，知道有位客戶的親友參加某位投顧老師的會員，在那位投顧老師的推薦下，於 2004 年買進 40 多元的鼎大（2410，已下市）。當時鼎大股價剩下不到 20 元，客戶請我幫忙研究一下，鼎大跌這麼慘還能抱嗎？結果一研究，發現了一堆疑點，覺得這是什麼鳥公司啊（當時的我，知道遇見了人生第 1 檔被自己發現的地雷股）？

財報暗藏2大疑點，驚覺公司做假帳

疑點 1：鼎大是做「光碟機」的公司，當時許多大廠的光碟機事業都在慘澹經營；很難想像沒沒無名的鼎大，如何能像公司所說，做得有聲有色、大賺其錢？

疑點 2：鼎大當時的營收，絕大部分是來自「關係人」交易。那些關係人不是它的子公司就是孫公司，不然就是轉投資或是董事與鼎大相同。而且應收款及逾

圖1 2004年鼎大創高價後一路下跌
——鼎大（已下市）月線走勢圖

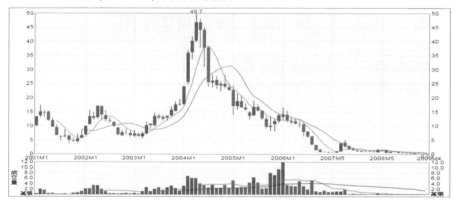

資料來源：Goodinfo 整理：羅仲良

期帳款也大部分來自這些關係人交易，甚至拖很久不給錢還照樣繼續出貨。最誇張的是有些關係人的地址，竟然還和鼎大同一棟大樓，只是樓層不一樣。看到這裡我心裡就很肯定，鼎大絕對是一間做假帳的公司。

人生第一次發現做假帳的地雷股，忍不住下手放空它。只不過當時自己的信心不足，雖然有下手放空但卻抱不住，受到盤勢震盪，一下子就被甩掉了！此後即使眼睜睜地看著它下跌，也不敢進場，白白錯失了一個大好機會！當時還在想，人生難得遇見這麼標致的地雷股，以後不曉得還有沒有這種機會？所幸只要有利可圖，掏空公司、業績造假的事情就會不斷地在股市中發生。如同投機大師傑西・李佛摩（Jesse Livermore）所說的：「華爾街永遠不變，因為人性永遠不會改變。」

第11站 短線交易上癮
帶來虧損與無盡痛苦

2005年7月～2006年2月

短線交易不適合我：「當沖」或「短線交易」要獲利，我不會預設立場說那就一定是不好的，畢竟我自己辦不到，不代表別人也辦不到。只是對我而言，企圖以短線交易獲利，只會帶來無盡的痛苦。

剛開始當營業員時，自己因為缺乏操作資金，於是就把腦筋動到我媽每半年會幫我還一次房貸的錢身上。她第一次給我 15 萬元，之後每半年給我 30 萬元，結果慈愛的母親為了減輕兒子房貸壓力的錢，被我這個賭徒兒子挪用去買股票。我只有第一次的 15 萬元真的拿去還房貸，並用銀行的水單糊弄她說我真的拿去還錢了；接下來 5 次總共 150 萬元，都被我挪用成了操作股票的本金（我媽陸續金援我買房子的總金額是 230 萬元）。

那時自己因為一方面太貼近盤面（當營業員被迫要整天盯著盤看），心情緊張容易衝動；一方面為了加減衝業績，所以那一陣子短線交易、衝動交易十分頻繁。那時是我這輩子第一次感受到做股票時的痛苦，焦慮、自卑與恐懼，種種負面情緒一直圍繞在當時的生活裡。

我常常半夜睡不著起來看美股，如果走勢對我有利還好，如果美股大跌的話就

慘了——整晚心裡就會像有顆石頭壓在胸口上，令我焦慮不安、無法入眠，隔天上班也會因此無精打采。

「交易強迫症」上身，頻繁進出賠掉本金與交易成本

在當時，我的目光非常地短視，不管個股中、長線的趨勢為何，一直在市場上短進短出。一下子 KD 黃金交叉（詳見註 1）就「買進」；一下子量增價漲，多頭看起來要攻擊了也「買進」；前一天美股大漲，昨天才賣掉持股怎麼辦？為了怕被軋空手又再買回來（軋空手的意思是說，想等股票下跌後再買進，但股價持續上漲，而失去買進機會）。

賣出的理由也是千奇百怪：盤中有大單賣出時，就被嚇到而跟著賣出；小賺一點時卻被盤中波動嚇到（害怕已到手的那點微薄獲利又被市場給吃掉），想想還是趁機賣掉，讓獲利落袋為安才好；或是晚上看電視上的分析師，看壞盤勢且講得頭頭是道，心裡愈想愈害怕，隔天也賣掉。甚至有時也不知道自己是在怕什麼？腦袋還沒思考好到底該抱還是該賣好，我的手指頭已經忍不住先用滑鼠點賣單出去了。

那時我簡直像是有交易強迫症一樣，手上的滑鼠點來點去，一天多的時候可以交易買賣好幾檔個股；又買又賣地下單 10 幾甚至 20 幾趟。這樣亂搞一通，

註 1：**KD 黃金交叉**：在技術分析方法中，KD 是用來觀察股價相對位置的常用指標，由 K 值與 D 值構成。KD 高於 80 為相對高檔，低於 20 為相對低檔。若 K 值從低檔向上穿越 D 值，被認為將發動一段漲勢，稱為「黃金交叉」；反之，若 K 值從高檔向下穿越 D 值，則稱「死亡交叉」，接下來恐有一波跌勢。

第 1 次的 30 萬元被我賠掉了 20 萬元；第 2 次的 30 萬元進來後，我又再賠了 10 幾萬元。前後總共 7、8 個月的時間，本金虧損超過 5 成，心情也 down 到了谷底──覺得我自己簡直一無是處，根本不是塊做股票的料。

心得與檢討

❶ **短線交易對我來說太痛苦**：「當沖」或「短線交易」要獲利，我不會預設立場說那就一定是不好的，畢竟我自己辦不到，不代表別人也辦不到。只是對我而言，企圖以短線交易獲利，只會帶來無盡的痛苦。

❷ **賺不到錢也影響生活**：短線交易對我而言，除了付出較高昂的「金錢成本」外（買賣頻繁讓手續費和交易稅增加），也因為要盯著盤看，讓我同時付出許多的「時間成本」。加上如此作為會變得容易緊張、焦慮和恐懼，更讓我付出很大的「心理成本」。總之，「短線交易」讓我不但賺不到錢，也活得不快樂，這種操作方式會嚴重影響我的生活品質。

❸ **要縮減短線交易頻率**：經過這 7、8 個月短線交易（衝動交易）的洗禮，我後來有時還是會手癢而做一下短線，只是隨著年齡和操作經驗的增長，短線交易的頻率愈來愈低。

第12站

長抱好股賺百萬
初嘗大獲全勝滋味

2006年3月──榮剛（5009）
抓到大行情要緊緊抱牢：對我而言，在股市中要賺大錢，就要抓住個股中、長線的大行情，而不是短線的小波動。看得對也要抱得住，堅持到底才能賺到大錢。

　　我從一開始做股票就一直有閱讀股票、財經相關書籍的習慣，尤其在當兵時那無聊的一年半裡，我更是瘋狂地Ｋ了不少書。有些我覺得讀了讓我很有收穫的書，不時就會拿出來重新閱讀；所以有不少書已經是讀了5、6遍，甚至10幾遍以上。

　　當兵時有3本書讓我獲益匪淺：是川銀藏（Ginzo Korekawa）的《股市之神──是川銀藏》，以及彼得・林區（Peter Lynch）寫的《彼得林區選股戰略》和《征服股海》（當兵時也有讀過《股票作手回憶錄》和《一個投機者的告白》系列，但那時可能因閱歷尚淺因此收穫有限）。

拜讀大師著作，把重要觀念牢記心中

　　在《股市之神─是川銀藏》這本書裡，我學到了幾件事：

１. 做股票要有「舉世滔滔皆向東，就我一人偏向西」的氣魄。有時即使與眾人看法相反，也要有相信自己判斷的勇氣。

２. 人的一生當中總會遇到幾次難得的機會，如果機會來臨了就一定要好好把握；如果機會快流失了，就一定要勇敢地撲上去牢牢抓住。

是川銀藏做任何事情所展現出來的毅力，以及研究股票追根究柢的精神，在在都讓我印象深刻。「股市之神」之名，果然名不虛傳。

按大師選股邏輯思考，成功挖到成長好股

彼得‧林區的選股功力也讓我大開眼界。在閱讀彼得‧林區《彼得林區選股戰略》和《征服股海》這兩本書之前，我總是認為做股票是一件非常艱深的學問，而選股更應該要挑熱門的高科技股。因為「高科技公司」看起來就很有前景、成長動力強的感覺。愈是搞不懂在做什麼的「高科技公司」股票，感覺似乎其上漲潛力愈大。然而彼得‧林區教會我選股其實可以很簡單、很生活化，甚至連小學生挑的股票都可以擊敗專業基金經理人挑的股票。

像是可口可樂、ZARA、Under Armour 這種就在我們生活周遭的股票，其實常常會比一些高深莫測的高科技股更具投資價值。一些普通甚至無聊的冷門產業，反而會出現獨霸市場且極具投資價值的公司。

重要的不是一間公司在做什麼？而是公司長期經營的績效成績單，展現出它能在該產業穩定成長、不斷攻城掠地的競爭力和獲利能力。

所以在 2005 年下半年，我在財經雜誌上發現榮剛（5009），仔細研究過後覺得它還滿符合彼得‧林區的一些選股邏輯，同時覺得它的風險不大，且未來的上漲潛力雄厚。說明如下：

1.屬傳產股，且能抗景氣循環

榮剛是傳產股不是高科技股，它做的是門檻較高（比較少公司在做）的特殊鋼。2005 年以前，榮剛的毛利率是呈現上升趨勢（後來 2006 年以後呈現下降趨勢）；毛利率從 10% 出頭一路爬升到 2005 年時將近 30%，而這和一般鋼鐵公司的毛利率，會隨著景氣循環而忽高忽低不同。榮剛不斷上升的毛利率，展現出它當時的競爭力正在不斷增強。

2.獲利連4年成長，營收逐月創新高

在 2005 年之前，榮剛的獲利已經連續成長 4 年（詳見圖 1）。當時的月營收也不時出現創歷史新高的成績，2005 年的獲利幾乎篤定可以連續成長 5 年。榮剛當時可能公司派心態也偏多吧！每個月都會自行公布上個月及累計的稅前盈餘，讓人可以方便地追蹤它的獲利進度。

當時我判斷榮剛雖然分類在鋼鐵類股，但它和其他屬於「景氣循環股」的鋼鐵股不同，榮剛是一檔「業績成長股」。既然榮剛是檔業績成長股，且 2005 年 6、7 月時股價才 16 元～ 18 元，即使不用 2005 年的預估盈餘（當時幾乎肯定每股盈餘會超過 3 元），而是用 2004 年已公布的每股稅後盈餘（EPS）2.88 元來算本益比，也只有 5.5 倍～ 6.25 倍。這樣的本益比對景氣循環股來講都不算高，對業績成長股而言更是被嚴重低估了，以這種獲利水準，股價就算再上漲 1 倍到 32 元～ 36 元也不算貴。

圖1　榮剛稅後純益自2001年起連4年成長
—— 榮剛（5009）歷史績效表

年度	100	99	98	97	96	95	94	93	92	91	90	89	88	87	86	85	84
加權平均股本	36	31	32	30	30	29	26	22	21	21	23	23	23	23	21	20	14
營業收入	111.0	72.7	41.7	101.5	103.4	71.9	67.1	52.5	33.2	30.8	27.3	26.9	24.2	24.0	21.3	15.8	15.4
稅前盈餘	10.3	2.8	-4.5	4.2	15.5	12.3	12.2	7.7	2.2	2.0	0.8	0.3	-1.5	0.2	-1.0	-1.5	-1.3
稅後純益	9.5	2.5	-3.6	3.0	12.8	9.5	9.3	6.2	1.7	1.4	0.3	0.1	-1.5	0.2	-1.0	-1.4	0.3
每股營收(元)	29.6	23.7	13.6	36.2	34.5	24.3	24.7	21.5	15.7	14.6	11.9						
稅前EPS	2.9	0.9	-1.4	1.4	5.2	4.3	4.8	3.6	1.0	1.0	0.3						
稅後EPS	2.6	0.8	-1.1	1.0	4.3	3.3	3.6	2.9	0.8	0.7	0.1	0.1	-0.7	0.1	-0.5	-0.7	0.2

> 榮剛稅後純益自2001年（民國90年）起連4年成長

註：單位為新台幣億元　　資料來源：MoneyDJ 網站　　整理：羅仲良

3.可扣抵稅率高，參與除權息可獲退稅

由於榮剛是一檔爹不疼、娘不愛的傳統產業股，不像一些電子公司或塑化公司享有獎勵促產條例的租稅優惠，也比較少員工分紅的費用，所以它被政府課的稅會比一些電子、塑化公司還要來得重。因此參與榮剛的除權息，可以享有比較高的可扣抵稅率（榮剛 2004 年財報預估的扣抵稅率是 33.33%），這樣的話，我就有機會賺到退稅。

舉例來說：假設在榮剛除權息之前，以 18 元收盤價買了 20 張它的股票，總共花了 36 萬元。若榮剛的股息是 1 元，那麼除權息那天因為有分派 1 元股息，開盤的參考價會變成 17 元。此時在股價上少的 1 元價差會讓我損失 2 萬元，但因為過一陣子我也會領到 2 萬元股息，所以對我而言並沒有造成損失。

然而因為領到這 2 萬元的股利，使得當年度的所得增加，所以隔年會需要支付一筆所得稅。當時我的所得稅率是最低的 6%，所以隔年自己必須要繳 2 萬元 ×6% = 1,200 元的所得稅。但是因為榮剛的扣抵稅率有 33%（為了方便計算就用 30% 來算），因此我也會得到 2 萬元 ×30% = 6,000 元的退稅。

這樣一來一回，我還賺到約 4,800 元的退稅。也就是說，即使榮剛股價不動，我也可以無風險地賺進（4,800 元／ 36 萬）×100% ≒ 1.33% 的獲利（後來榮剛 2005 年的預估扣抵稅率是 34%，分派股利為每股 2.1 元）。

4.股價持續呈上升趨勢

榮剛股價也確實反映它前幾年的獲利成長：股價從 2001 年 12 月最低的 2.15 元，到 2005 年 6 月最高的 18 元多，大漲了將近 9 倍，股價呈現上升趨勢。雖然已經漲了快 9 倍，但因為讀了彼得·林區的書，讓我了解「有的股票即使漲了好幾倍還是依然很值得買進」。所以儘管榮剛當時股價處於歷史高檔（16 元～ 18 元附近），我還是開始買進。

當時目光短淺的我，一直都短進短出在做短線及衝動交易。雖然我很看好榮剛，但當時它只是我短線進出的標的之一，因此並沒有一直持股長抱。直到 2006 年 2 月～ 3 月時，自己才因為短線交易而感到痛苦不堪，覺得再這樣下去就只有死路一條。所以在榮剛 20 元出頭，就把剩下的錢全部買進榮剛，逼迫自己要長抱這檔我最看好的股票。後來每次拿到母親幫忙還房貸的錢，我也都壓這一檔，在當時有客戶向我要明牌，我也一定少不了會報這檔。

那時真是時來運轉，在我決定長抱沒多久，2006 年 4 月就有新聞說：「榮

剛通過法國貝爾實驗室航太級特殊鋼認證分數 80 分。」股價一個月內快速自 20 元左右飆至 32 元。當時新聞還說：「榮剛將會送樣給美國波音公司認證。」如果認證通過的話，以榮剛股本才 30 億元，波音的訂單量又是如此巨大，光是聽到接波音的單就讓人產生很多想像空間。而當時我幾乎肯定榮剛一定會通過波音的認證，因為其他取得波音認證的特殊鋼廠，通過法國貝爾實驗室才 70 分，80 分的榮剛沒道理會不通過。

各項利多加持，1年半賺逾200萬元

除了可能通過波音認證的新聞外，榮剛 2005 年度公告的 EPS 達 3.63 元，當年度的獲利每股將發放 2.1 元股息。在 2005 年 EPS 為 3.63 元（即使以上漲到 30 元左右的股價來看還是偏低）、確定已有 2.1 元的股息在手、可扣抵稅率高達 34%、每月營收仍持續成長，以及榮剛未來可望因通過航太級特殊鋼認證，而取得高毛利的航太特殊鋼訂單，種種利多跡象，讓我更是有恃無恐。

原本自己心中對於榮剛的目標價，因為 EPS 在 3 元～ 4 元左右的水準而訂在 30 元～ 40 元，在這些利多影響下立即提高到 60 元～ 70 元。我預估日後榮剛 EPS 可以拉到 5 元～ 6 元，所以本益比抓在 12 倍～ 14 倍。

2006 年 8 月，榮剛確定通過美國波音公司認證，正式成為波音的供應商後開始大幅上漲；2006 年底攻上約 50 元後盤整半年，2007 年 6 月攻勢再起，最高點落在 2007 年 9 月。當時股價來到 71.4 元，和我訂的目標價高點 70 元只差 1.4 元（我是運氣好，矇到）。我從 2007 年 7 月時 55 元以上開始分批出脫，到了 2007 年 9 月最後一筆榮剛出掉時，總計操作時間從 2006 年 3

月起算約 1 年半。

　　這期間榮剛股價從 20 元漲到 71.4 元，漲幅 3 倍多，中間參與 2 次除息全部填息，讓我把之前因短線交易虧損的 30 幾萬元全部賺回來；甚至還倒賺近 200 萬元，使我的本金翻到 300 多萬元，獲利率 1 倍有餘。榮剛是我進入股市以來第 1 檔長抱，且大賺百萬元以上的股票。

補充

我那時雖然很看好榮剛，它的股價也確實一直呈現上漲趨勢，但長抱榮剛對當時的我來說是件十分煎熬、痛苦的事。因為在抱榮剛不久前，我還是一個徹底的短線交易者，而且以自己當時的年紀和經驗，還沒有足夠的定力和耐心持續抱牢它。

緊緊抱住一檔持續上漲又令我獲利豐厚的股票，真的是一種折磨，有好幾次我都很想把它賣掉來實現獲利。尤其當時的工作是營業員，最需要的就是業績，如果自己賣掉或讓客戶把它賣掉，不但可以實現獲利又可以創造業績，這對我來講有很大的誘因。但因為深怕一旦賣了就追不回來，所以我就採用一種比較折衷的方式。

只拿一部分榮剛的持股來做短線交易，當天賣掉再當天買回，又或者是漲得比較凶的時候就賣一部分，過個幾天有比較低的價錢時再買回來（當然有時是用比較高的價錢追回來）。

就像吸毒的人要勒戒時，會用美沙酮當替代品來逐步地擺脫對毒品的依賴。我就是用這種方式當作我的美沙酮；一方面「勒戒」我的「短線交易毒癮」；一方面又能創造一點業績，讓我能全程抱牢自己的持股（由於榮剛是持續上漲的，所以「短線交易美沙酮」並沒有造成我太大的損失，反而還有小幅獲利）。

「禍兮福之所倚，福兮禍之所伏」。榮剛的大勝雖然讓我恢復了自信心，也讓本金大增 1 倍多，卻也種下了後來投資華碩（2357）失利的敗因。隨著榮剛的股價上漲，我不僅僅只是恢復信心而已，人也因此變得自大驕傲起來，同時更加地貪心。除了全程不斷地加碼，我還在榮剛漲到 40 多元的時候，把部分持股從現股開始改成用融資買進，藉以擴大我的部位。也因為榮剛改成用融資買進後嘗到了甜頭，之後買華碩時，

一開始還有現股部位，到後來全部的持股都用融資買進，而這也造成日後華碩下跌時，自己全面地潰敗。

心得與檢討

❶**要賺大錢就要抓大行情**：對我而言，在股市中要賺大錢就要抓住個股中、長線的大行情，而不是短線的小波動。

❷**看得對也要抱得住**：堅持到底才能賺到大錢。

❸**重點是未來趨勢而非股價**：只要股價趨勢向上，不管股價有多高都可以再加碼買進，因為未來都還有更高價；而當股價趨勢向下，不管股價有多低都可以放空賣出，因為未來都還有更低價。

善意的爛建議
害客戶少賺大筆錢

2006年初——合晶（6182）、中美晶（5483）
別讓自己的錯誤判斷誤了別人：如果覺得身邊的人在某個操作可能有問題，可以出言提醒，但絕不可以一而再、再而三地攔阻他，因為自己的看法也未必正確。

2006 年初，我的一位客戶因為很看好太陽能類股的前景，所以用融資在股價 30 多元附近買進合晶（6182），以及在 70 元～ 80 元附近買進中美晶（5483）。當他用融資重壓這兩檔股票賭得很大時，因為是個還滿重要的客戶，我怕他日後會虧損本金而受創，所以就花時間研究了這兩檔股票。結果發現合晶前 3 年每股稅後盈餘（EPS）才 1 元多，本益比 17 倍～ 18 倍；中美晶更是誇張，平均 1 年也賺不到 2 元（詳見圖 1），本益比竟然高達 30 倍～ 40 倍。很顯然地，在這麼高的本益比之下去買這兩檔股票，甚至用融資重壓，實在是太過投機而且風險超高。

於是我就好說歹說地一直告訴他：「這兩檔股票的本益比過高，股價過於高估，用融資大量買進實在太危險。」他原本滿滿的持股信心，就這麼被我不厭其煩又出自「善意」的建議給瓦解了。直到看見他賣掉後我才鬆了口氣——不用怕客戶因為這兩檔「投機股」而嚴重受創。

圖1 合晶、中美晶連續3年平均每股每年只賺1元多

合晶（6182）歷史績效表

年度	100	99	98	97	96	95	94	93	92	91	90	89	88	87	86
加權平均股本	28	27	26	23	22	19	16	15	15	15	15	15	13	12	5
營業收入	51.6	46.7	28.2	57.1	52.5	36.6	20.9	15.4	13.2	10.5	6.9	7.0	1.4	0.0	0.0
稅前盈餘	1.1	7.2	-2.3	12.7	15.2	9.2	3.0	2.5	1.6	-0.9	-1.3	-1.2	-2.7	-0.5	0.4
稅後純益	0.8	6.7	-2.5	10.8	13.1	8.3	3.0	2.5	2.3	-0.9	-1.3	-1.0	-2.7	-0.4	0.3
每股營收(元)	18.4	17.1	10.3	24.3	23.7	17.5	12.2	10.3	8.8						0.0
稅前EPS	0.4	2.6	-0.9	5.4	7.0	4.9	1.9	1.6	1.0						0.7
稅後EPS	0.3	2.5	-1.0	4.6	6.0	4.4	1.9	1.6	1.5	-0.6	-0.9	-0.7	-2.2	-0.4	0.6

此3年稅後EPS只有在1～2元的水準

中美晶（5483）歷史績效表

年度	100	99	98	97	96	95	94	93	92	91	90	89	88	87	86
加權平均股本	42	34	28	22	20	17	13	11	11	11	10	9	6	6	4
營業收入	148.6	200.8	103.7	94.1	67.2	42.5	19.9	16.5	14.0	11.2	10.3	10.3	7.6	5.2	5.9
稅前盈餘	3.7	38.8	5.3	18.7	21.0	11.0	2.5	2.4	1.2	0.4	0.4	1.6	0.6	-0.3	0.4
稅後純益	4.3	35.7	4.8	17.2	18.1	8.9	2.3	2.2	1.1	0.3	0.3	1.7	0.6	-0.1	0.4
每股營收(元)	33.5	52.6	34.6	42.6	33.9	23.2	13.1	14.4	13.1	10.7					
稅前EPS	0.9	11.4	1.9	8.7	10.6	6.6	1.9	2.1	1.0	0.4					
稅後EPS	1.0	10.5	1.7	8.0	9.2	5.3	1.8	2.0	1.1	0.3	0.3	1.9	0.9	-0.1	1.1

此3年稅後EPS也是1～2元水準

註：單位為新台幣億元　　資料來源：MoneyDJ網站　　整理：羅仲良

後來事實證明我的預估錯誤。太陽能類股竟然真的成為當時市場的主流股，合晶在不到 1 年半的時間內漲了 8 倍多將近 9 倍，最高漲到 268.5 元；而中美晶也漲了 4 倍多，最高也漲至 375 元（詳見圖 2）。

圖2　太陽能產業成主流，合晶、中美晶股價大漲數倍

合晶（6182）月線走勢圖

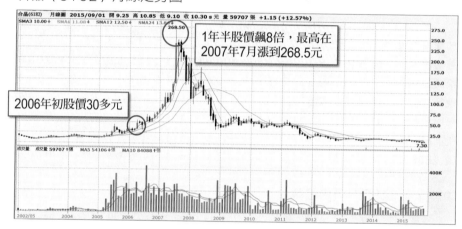

1年半股價飆8倍，最高在
2007年7月漲到268.5元

2006年初股價30多元

中美晶（5483）月線走勢圖

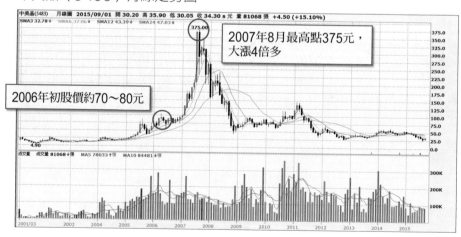

2007年8月最高點375元，
大漲4倍多

2006年初股價約70～80元

資料來源：XQ 全球贏家　　整理：羅仲良

後來看到合晶、中美晶這種驚人的漲勢，自己一整個傻眼說不出話來——因為我「善意」的建議（爛建議），使得那位客戶少賺了至少 100 萬～ 200 萬元以上。雖然那位客戶事後沒有責怪我（當初阻擋他持有這兩檔飆股而少賺不少錢），但我的內心卻相當自責；每次回想起這件事，就覺得自己實在是有夠多嘴。

心得與檢討

❶**選股需要有想像力**：安德烈·科斯托蘭尼（André Kostolany）在《一個投機者的告白》這系列的書中提到：「選股是需要有想像力的」，但很顯然當時的我一點想像力也沒有，才會如此預設立場。

❷**自己的看法未必正確**：這件事給了我一個教訓：如果覺得身邊的人在某個操作可能有問題，可以出言提醒，但絕不可以一而再、再而三地攔阻他，因為自己的看法也未必正確。

❸**即使建議是出於「善意」的，但還是有可能「愚蠢」地害死人**：「善意」的建議並不等於就是「正確」的建議。

❹**言多必失**：有時候「閉嘴」是最佳選擇。

接到績優股斷頭令
從天堂跌落地獄

2008年1月——華碩（2357）

一敗驚醒夢中人：績優股的好形象會讓人比較容易失去戒心，等到發現情況不對時為時已晚，要抱要賣？讓人陷入進退兩難。

　　從小我就對「賭」充滿著興趣。過年時最期待的不是玩鞭炮、放煙火，而是領到紅包錢後，去堂哥家裡和堂兄弟姊妹們賭 10 點半、梭哈、21 點和擲骰子。記得在小學五、六年級放假時，還常去同學家中一起跟他的阿公玩 1 檯 1 元的麻將。自己印象最深刻的一次賭博，是在國小有一次把整個月的午餐費全部輸在小瑪莉 Bar 檯上，當時還被我爸用皮帶狠狠地痛扁了一頓。到了國中還是死性不改，經常和同學們賭 1 張牌 5 元的大老二。哈！那時只覺得「賭」真的是刺激又好玩。

4理由看好華碩，融資買到滿檔

　　在操作榮剛（5009）大勝一役之後，更把我好賭的精神發揮到極致。那時一邊抱著榮剛，一邊挑選下一個操作標的，當時我挑中了華碩（2357），選股理由如下：

看好理由1》**股價走勢偏多**

月線偏多頭且開始出量，有長線要開始大漲的態勢。

看好理由2》**獲利連年成長**

華碩當時經過董事長施崇棠的積極改造後績效大增，獲利自2003年（民國92年）起已連續4年成長（詳見圖1）。2007年第1季稅後獲利67億3,100萬元創歷史單季新高，每股稅後盈餘（EPS）1.9元接近2元，單憑這一季就抵得過2006年全年獲利的1/3強。且當時（2007年）獲利展望也很好，所以肯定可以連5年成長。

看好理由3》**外資持續買進**

外資自2002年底，華碩創當時最低價58.5元後就一路增加持股，自2002

圖1 **華碩自2003年績效大增，獲利連4年成長**
──華碩（2357）歷史績效表

年度	100	99	98	97	96	95	94	93	92	91	90	89	88	87
加權平均股本	75	214	424	424	367	340	294	255	228	200	198	157	115	81
營業收入	3,176.7	2,967.5	2,325.8	2,493.5	5,899.1	3,860.4	1,797.6	780.5	744.3	825.6	779.5	707.3	490.0	352.0
稅前盈餘	198.0	189.1	128.2	205.6	330.5	239.4	173.6	160.0	124.9	107.6	162.9	161.2	146.8	114.6
稅後純益	165.8	164.9	124.8	164.6	272.8	192.2	152.8	151.0	115.7	100.3	161.9	156.5	142.8	115.7
每股營收（元）	422.0	473.3	54.8	58.7	158.2	113.3	60.0	30.6	32.6					
稅前EPS	26.3	8.9	3.0	4.9	9.0	7.0	5.9	6.3	5.5					
稅後EPS	22.0	7.7	2.9	3.9	7.4	5.7	5.2	5.9	5.1	5.0	8.2	10.0	12.5	14.3

2003年（民國92年）起連續4年獲利成長

註：單位為新台幣億元　　資料來源：MoneyDJ網站　　整理：羅仲良

年 12 月的 35 萬張，增加到 2007 年 7 月的 125 萬張。根據自己以往的經驗，外資一路買超的公司，如果買到漲勢都已經成形了，只要量價沒有失控，持續再漲的機率都很高。

看好理由4》**華碩的招牌**

　　華碩這個品牌，以及它是台股績優生的形象，讓我對華碩的印象加分不少。

　　綜合以上因素，我認為華碩獲利成長以及股價上漲的趨勢都已成形，籌碼面及當時大盤的氣氛有利上漲，加上公司及經營者的品牌形象、能力、誠信度俱佳，所以沒等榮剛漲到我原本預定的目標（65 元～ 70 元），在 2007 年 7 月 20 日開始，就迫不及待地逐步出掉榮剛轉進華碩。

　　同時因為貪心的關係，也放膽用融資陸續買到滿檔，將手上所有資金用盡。平均成本接近 100 元，買進約 80 張，市值約 800 萬元；1 天如果吃 1 根漲停或跌停板，對我的損益有 50 幾萬元，已經足夠買 1 台車了。事後回想起來，我當時真的是「利令智昏」，貪心到不行；只想到這 800 萬元可以讓我賺多少？卻沒考慮到如果賠錢的話，自己的下場會是如何？

股價創新高卻後繼無力，資產翻3倍後再縮水

　　華碩除完權息後，花了 9 個交易日就完全填權填息。挾著當時獲利成長，而且殺手級新產品小筆電（EeePC）問世後市場反應熱烈，成為華碩有史以來第一個被廠商催貨的商品。華碩股價也因此開始一路上升；2007 年 10 月 26 日自 99.8 元漲至 104 元共漲了 4.2 元，並爆出當時華碩的歷史最大成交量：9 萬

1,000 張；下一個交易日 10 月 29 日成交量再爆出 9 萬 5,000 張，再創歷史大量紀錄，股價也上漲 4.5 元，來到 108.5 元。

那時的我簡直不可一世，覺得按這種速度來看，不用 1 年就可以身家千萬，5 年內就可以上看 1 億元，簡直樂翻了。雖然隱約覺得 10 月 26 日、29 日那兩天的成交量似乎爆得太大了，但以當時樂翻的心情來說，根本不把它當一回事。

10 月 30 日休息 1 天後，10 月 31 日再漲 5.5，股價漲至 114 元，單單這一天帳面上財富增加的數目就有 40 幾萬元。當天下班心情愉悅地向老婆說：「我今天 1 天就幾乎賺了快 1 輛車。」雖然自 7 月 20 日買進後等了 3 個月，但是從 10 月 26 日以來，僅僅 4 個交易日，我的獲利就破百萬元。

11 月 1 日盤中創下這波漲勢的新高價：116 元，這也代表我的本金已經翻到了約 450 萬元左右。從 2006 年 3 月決定長抱榮剛起算，我只花了 1 年 7 個月的時間，就扳回短線交易造成的虧損，並把本金從 150 萬元整整翻了 3 倍。從 10 月 26 日開始，自己每天的心情就是「high」、「很 high」跟「超 high」，一整個爽到破表。

11 月 1 日盤中創波段新高 116 元之後，量縮收盤，收在 112 元。當時判斷華碩一路量價配合，這只是多頭暫時的量縮回檔，於是就不管它，決定續抱等股價漲到我認為後面還有的更高價再說。當時認為華碩 2008 年的 EPS 有機會上看 10 元，因此自己把目標價訂在 140 元～ 150 元。

然而華碩創 116 元高價後就無力再漲，一路盤跌到 11 月底，跌回至我的成

本價 100 元，同時也是 60 日線附近。因為榮剛之前死抱活抱的經驗，到此我還是預設立場認為華碩在季線整理調整後會再創新高。當時一位客戶好心提醒我說：「華碩內部的人本來也很期待 EeePC 效應，但因為主管說 EeePC 毛利低，所以在 110 元附近開始賣（股）。」叫我要小心一點，但我不理會他善意的提醒，只是一味地堅持我的看法，甚至連查證他的說法是否正確都沒有。就這樣華碩的股價在 90 元～ 100 元附近震盪，自己一直抱著逐漸成為虧損的單子煎熬到 2008 年 1 月。

趕在融資追繳前殺出，賣在波段相對低點

在 2008 年 1 月 7 日，華碩順著大盤的跌勢，自前一天的 96.2 元大跌至 89.6 元後展開新一波跌勢。光是 2008 年 1 月 7 日這一天的價差 6.6 元，我就賠了 50 幾萬元。從 2007 年 11 月 1 日華碩創 116 元波段高價起，才 2 個多月時間，我的財富蒸發了近 160 萬元。這兩個多月，抱著從大賺變成虧損又是融資滿檔的單子，就已經讓我身心俱疲，當跌勢加劇後，更是度日如年、痛苦萬分，每天愁容滿面。

隨著股價向當時的融資追繳價（約 72 元～ 73 元附近）一步一步地逼近，從 2008 年 1 月 7 日起僅僅 7 個營業日，華碩股價從 96.2 元跌到 81 元，我狂賠了 120 萬元。2008 年 1 月 15 日，在巨大的虧損和融資斷頭的壓力下，我先在 81 元賣掉近 1/4 的華碩。當時還想奮力一搏的我，打算拿賣掉的錢來應付如果華碩續跌的融資追繳，如此自己還可以撐到 67 元左右才被斷頭。但是隨著股價持續下跌，不到 3 天，2008 年 1 月 17 日我的情緒防線就崩潰了，在絕望下將剩下的華碩以 77.5 元全數賣出。

賣掉華碩的當時，我也知道很有可能砍在波段低點，但自己心理的狀態已經無力再管這麼多了——那時的我因為承受過度的恐懼和過大的壓力，已經不管什麼低點、高點、基本面、技術面之分，只想逃離這一切……。

後來證實我真的砍在波段低點，華碩那波跌勢的最低價75.7元和我賣的價錢相差無幾。從11月初華碩創波段新高價116元至1月中我砍掉華碩，僅僅2個半月的時間，我帳上的資產從最高點的450萬元變成剩下140萬元出頭（詳見圖2），平均1個月損失120萬元，2年來的獲利就這麼灰飛煙滅，甚至倒賠了一些本金。

圖2 僅僅2個半月，資產從最高450萬剩下140萬
——華碩（2357）日線走勢圖

資料來源：XQ全球贏家　　整理：羅仲良

1檔股票慘賠300萬，頓時喪失自信

華碩這次的慘敗，不僅賠掉我進入股市以來最大筆的金錢，也賠掉了自信。股票市場很殘酷地告訴我，自己根本不配擁有 2 個半月前所擁有的財富；我的能力也根本不是 2 個半月前那個自以為是的「股票高手」。

我的一位客戶對我說：「你的狀況其實也沒有很慘，只是賠掉這幾年在股市裡賺到的 300 萬元獲利，並且賠了一些本金，至少沒到負債的程度。」但華碩慘賠的殘酷事實，對我這個從求學以來一路順暢的溫室花朵而言，無疑是人生中遇到過最大的打擊──瞬間把我以前自以為的自己給完全否定掉。

當時是我人生中生活壓力最大的時期，每月光是房貸加管理費就要付掉 3 萬元，幾乎已經是我薪水的全部；而再過 1 個月，雙胞胎女兒們就要出生，龐大的生產醫療費用、保母費，以及因為小孩們出生隨之而來的更多生活開銷，如果無法在股市中賺錢，我剩下的錢大概頂多撐個 2 年多就會透支消耗殆盡。

「華碩慘賠」讓我喪失未來能再從股市中獲利的自信，我看起來注定挺不過未來的難關，並開始替未來可能的慘況感到擔憂、害怕，同時也在心裡向我還沒出生的兩個女兒懺悔：「妳們還沒出生，爸爸就賠掉這麼一大筆錢，爸爸對不起妳們。」想到自己的貪心和愚蠢，也許以後會讓雙胞胎女兒們過苦日子，就難過地自責不已。

❶**成交量及技術面出現警訊就該注意**：我後來檢討，從基本面及業績沒什麼警訊，但從成交量及技術面上，當時有 4 個賣出訊號（詳見下圖）：

①成交張數爆歷史性大量就是個警訊；

②跌破代表中期趨勢的 60 日線（季線）；

③回測季線不過；

④回測季線不過還跳空大跌。

另外，大盤和全球股市當時已明顯轉弱，我還天真地認為「華碩會不一樣」。以上警訊我卻視若無睹，無視行情下跌，只一廂情願地看好華碩。

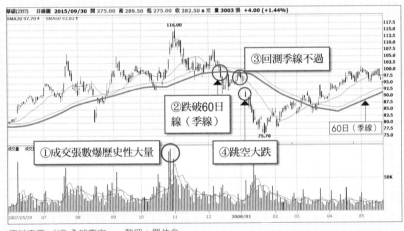

資料來源：XQ 全球贏家　　整理：羅仲良

❷**避免壓力過大，未來放空為了鎖單才用融資**：這次用融資買股，讓本金從高點蒸發 300 多萬元，並承受到可能全軍覆沒的巨大壓力而過度恐懼，讓我從此只有在放空時為了鎖單才使用融資，純做多時就不敢再用融資買股票。即使是用零槓桿的現股，1 年只要抓到 1 檔股票就可以賺到 3 成～4 成甚至 6 成～7 成以上，這樣就很夠了。對我而言，用融資買進會讓我心理壓力過大，沒辦法冷靜思考，如果有比較大的波動時也容易被追繳，這樣即使我看對，也會被迫出場不賺反賠。

❸**要謙虛不要自視過高**：人都會犯錯，不要自認自己一定不會錯。評估情勢時要盡量「客觀」，不要被貪念蒙蔽，情勢對己不利時，不能視而不見、不做處理，坐視虧損擴大。

❹**旁觀者清，當局者迷**：股市操作因為事關「金錢」，常常會因為「貪念」或「恐懼」而很難客觀思考。這時不妨想像自己是旁觀者的話會怎麼做？進而幫助自己客觀評估情勢並做出決策。

❺**市場上沒有「永遠穩健的績優股」**：即使像華碩當時如此優秀的公司，後來也曾跌到慘不忍睹的價錢（30元以下）。而2008年發生金融風暴時，我和許多同事的客戶們，有很多人都不是死在比較投機的股票上，而是死在像華碩、鴻海家族這種績優股上面。績優股的好形象會讓人比較容易失去戒心，等到發現情況不對時為時已晚，要抱要賣？讓人陷入進退兩難。

❻**家人的支持很重要**：華碩這一役我敗得很慘而且時機非常不好——剛好是雙胞胎女兒要出生的前1個月，正要花大錢的時候。我很怕這次的操作失利會被老婆念或是責怪。但我老婆不但沒罵我還安慰我說：「大不了房子保不住時，就去外面租房子住。有錢有有錢的過法，沒錢有沒錢的過法，一家人健健康康地在一起，一樣可以過得很快樂。」聽到這句話，我知道就算我把錢全賠光了，我老婆還是會挺我，而不會怪我職場上一無所成、股市裡也賠錢，或甚至有一天選擇大難臨頭各自飛。這讓我在前途看似一片黑暗時，比較有勇氣去面對未來的挑戰。但如果她當時責怪或埋怨我在職場、股市的表現都不怎麼樣，也許我會信心全失，沒有勇氣在股市裡繼續戰下去而離開這個市場。

第15站

首度放空嘗甜頭
靠地雷股重振信心

2008年5月初──仕欽（已下市）
財報中挖掘致富寶藏：個股的財報就像寶庫一樣，用心去閱讀及解讀，可以從中獲得許多寶貴的訊息。

操作華碩（2357）一役慘敗後傷痕累累、信心全失的我，勉強擠出殘存的一絲勇氣，繼續在市場上尋找適合操作的標的。當時我實在沒信心可以靠股票賺到錢，很怕又賠錢，讓已經嚴重受創的心靈和財務狀況，再次被失敗的操作砍一刀。可是自己除了股票，找不到其他可以賺到錢的機會，也深知如果什麼都不做的話，就只能坐以待斃，等待剩下的錢因為透支而逐漸消耗殆盡。為了生活，我有不得不戰的壓力。

發現地雷股仕欽，5大徵兆加深放空決心

為了不放過任何機會，我緊盯市場的每一則消息、每檔個股的走勢，也一檔一檔地調出個股的 K 線圖來看。而在 2008 年 4 月底至 5 月初，電腦機殼廠仕欽（6232，已下市）一波自 9.8 元急跌至 7.37 元的走勢吸引我的注意。經過研究後，發現它相當危險，很可能是繼鼎大（2410）後，我人生中發現的第 2 檔

地雷股,於是在 6 元多開始陸續放空它共 100 張。當時看空仕欽的理由如下:

徵兆1》**本業惡化**

先從財務報表觀察仕欽的獲利,自 2004 年達到高峰,稅後淨利 5 億 9,400 萬元、每股稅後盈餘(EPS)3.72 元,之後就開始下滑。2005、2006、2007 年連續衰退 3 年,2007 年更是大虧 11 億 7,500 萬元,EPS 為 -3.03 元。光 2007 年 1 年的虧損就吃掉 2004、2005、2006 這 3 年加起來的獲利(詳見表 1)。

而 2008 年第 1 季的季報,更是大虧 7 億 9,300 萬元,EPS 為 -1.72 元,單一季虧損就已經達到 2007 年虧損總額的 67%,虧損幅度急速擴大(詳見表 2)。

仕欽的基本面本來就已經在持續惡化中,而第 2 季一向又為資訊業傳統淡季,所以 2008 年第 2 季,仕欽本業的營收及獲利在其他因素不變的狀況下,勢必較第 1 季更差(詳見表 3)。

徵兆2》**原物料大漲,成本劇增**

「電腦機殼」這個產業競爭門檻並不高,所以一直是低毛利產業。全球各項原物料在 2008 年以前,就已經走了好幾年的多頭走勢。尤其在 2008 年上半年油價突破每桶 100 美元後,持續大漲攻向每桶 150 美元那一波,全球許多重要的原物料隨著油價同步大漲,世界各國通貨膨脹壓力大增。2008 年第 1 季,仕欽在本業及原物料大漲雙面夾攻下,就已經慘虧 7 億 9,300 萬元;而第 2 季本業展望持續下滑、成本持續大增,營運壓力勢必較第 1 季有增無減。

表1　仕欽光2007年的虧損，就吃掉前3年獲利總和
——仕欽（已下市）財務報表（年報）概況

年度	營收（億元）	稅後淨利（億元）	EPS（元）	毛利率（％）	營益率（％）	純益率（％）	流動比率（％）	負債比率（％）	淨值（元）
2007	69.23	**-11.75**	-3.03	10.78	-2.23	-16.98	256	43	11.47
2006	73.98	1.03	0.38	9.45	5.89	1.39	219	50	16.12
2005	84.60	4.29	1.84	9.72	6.22	5.07	123	51	17.62
2004	76.25	5.94	3.72	14.95	11.00	7.79	159	63	16.82
2003	55.83	4.01	3.71	16.66	11.81	7.18	142	51	20.20
2002	27.10	2.03	2.45	18.37	11.45	7.48	127	61	16.04

資料來源：e-stock 網站　　整理：羅仲良

表2　2008年第1季仕欽仍嚴重虧損
——仕欽（已下市）財務報表（季報）概況

季度	股本（億元）	營收（億元）	稅後淨利（億元）	EPS（元）	毛利率（％）	營益率（％）	流動比率（％）	負債比率（％）	淨值（元）
2008.Q1	40.22	16.25	**-7.93**	**-1.72**	6.48	-19.88	238.65	42.85	10.09
2007.Q4	40.22	16.15	-10.85	-2.80	11.78	-25.92	255.84	43.43	11.47
2007.Q3	40.30	17.19	-0.94	-0.27	12.06	4.64	168.58	44.49	13.49
2007.Q2	35.16	18.41	-0.40	-0.10	9.43	5.44	264.29	43.49	13.74
2007.Q1	29.53	17.48	0.44	0.14	10.01	4.84	208.42	44.88	14.52
2006.Q4	29.53	16.87	-0.09	-0.03	12.44	12.19	219.26	50.16	16.12

資料來源：e-stock 網站　　整理：羅仲良

表3 2008年第2季仕欽營收繼續下探
——仕欽（已下市）單月營收概況

月份	營收（億元）	去年同期營收（億元）	年成長率（%）
2008年6月	**0.56**	6.14	-91.0
2008年5月	**4.85**	6.11	-20.6
2008年4月	**5.20**	6.16	-15.7
2008年3月	5.35	6.14	-12.8
2008年2月	5.25	5.49	-4.3
2008年1月	5.46	5.85	-6.7
2007年12月	6.03	5.87	2.8
2007年11月	5.27	5.48	-3.8
2007年10月	5.03	5.53	-9.1
2007年9月	5.20	5.96	-12.8

資料來源：e-stock 網站　　整理：羅仲良

徵兆3》**財務報表疑點重重**

疑點1》應收帳款偏高

仕欽的年營收從 2004 年起大約都在 70 億～ 80 億元的規模，2007 年甚至衰退至不到 70 億元。但是應收帳款卻從 2004 年第 4 季約 20 億 8,000 萬元，大幅成長至 2007 年第 4 季約 43 億 8,300 萬元（詳見圖 1）。營收是衰退的，應收帳款卻大幅成長 110%，這樣的情形非常不合常理。

疑點2》應收帳款收回的天數過高，且有些逾期帳款很弔詭

當時仕欽的財報竟然有揭露「富士通」的帳款沒收回來，這點相當奇怪。畢竟

圖1　2004年到2007年，仕欽應收帳款竟成長110%

仕欽（已下市）2004年資產負債表

仕欽科技企業股份有限公司
資產負債表
民國九十三年十二月三十一日
及民國九十二年十二月三十一日

資　　産			九十三年十二月三十一日		九十二年十二月三十一日		代碼	負
代碼	會計科目	附註	金額	%	金額	%		流動負
	流動資產							流動負
1100	現金及約當現金	二及四.1	$892,298	12.27	$1,101,642	22.22	2100	短期
1120	應收票據淨額	二及四.2	1,737	0.02	6,874	0.14	2110	應付
1140	應收帳款淨額	二、四.3、五及六	2,086,809	28.70	1,250,468	25.22	2120	應收
1160	其他應收款	四.4			4,114	0.08	2140	應付
1180	其他應收關係人款	五			17,316	0.35	2150	應付
1200	存貨淨額	二及			109,668	2.21	2160	應付
1260	預付款項	四.6及七	303,801	4.18	314,395	6.34	2170	應付
1291	受限制資產	四.7及六	145,054	2.00	235,179	4.75	2224	應付
1280	其他流動資產		38,637	0.53	16,714	0.34	2270	一年
11xx	流動資產合計		4,139,974	56.94	3,056,370	61.65	2280	其他

> 2004年（民國93年）底應收票據及帳款約20億8,000萬元

仕欽（已下市）2007年資產負債表

仕欽科技企業股份有限公司
資產負債表
民國九十六年十二月三十一日
及民國九十五年十二月三十一

資　　産			九十六年十二月三十一日		九十五年十二月三十一日		代碼	
代碼	會計科目	附註	金額	%	金額	%		流動負
	流動資產							流動負
1100	現金及約當現金	二及四.1	$1,183,272	12.96	$840,619	9.53	2100	短期
1140	應收票據及帳款淨額	二、四.2、五及六	4,386,261	48.05	3,388,471	38.40	2110	應付
1180	其他應收關係人款	五.3			858,050	9.72	2120	應付
1200	存貨淨額	二及			57,612	0.65	2140	應付
1260	預付款項	四.4			321,061	3.64	2147	應付
1280	其他流動資產				38,121	0.43	2160	應付
1291	受限制資產	四.5及六	170,467	1.87	217,253	2.46	2170	應付
11xx	流動資產合計		6,622,485	72.55	5,721,187	64.83	2180	公平

> 2007年（民國96年）底應收票據及帳款約43億8,000萬元

註：單位為新台幣千元　　資料來源：公開資訊觀測站　　整理：羅仲良

日本的富士通應該不太可能會付不出錢來。後來才知道那筆應收款是造假的,仕欽大概想要讓他的應收款品質看起來不錯,所以才會這樣做。

疑點 3》現金儲備偏低,難以應付營運虧損與負債

以 2008 年第 1 季合併財報揭露的現金及約當現金餘額約 3 億 4,000 萬元(詳見圖 2),而仕欽光是 2008 年第 1 季的虧損就高達 7 億 9,300 萬元,第 2 季的營運也不見起色,營運勢必還是虧損的。僅僅只是應付營運的虧損,帳上現金餘額就已經不夠,更何況還要應付各項短期、長期借款債務的償還。光是在 2008 年第 1 季將到期的長期借款就有 2 億 3,250 萬元,長期負債共達 8 億 9,000 萬元(詳見圖 3、圖 4)。

圖2 **2008年第1季現金及約當現金餘額約3億4000萬元**
　　　——仕欽(已下市)2008年第1季合併資產負債表

代碼	會計科目	附註	金額	%	代碼	
	流動資產					流動負債
1100	現金及約當現金	二及四.1	$340,279	2.97	2100	短期借
1140	應收票據及帳款淨額		4,494,668	39.18	2120	應付票
1160	其他應收款		544	2.16	2140	應付帳
1180	其他應收關係人款		130	2.36	2160	應付所
1200	存貨淨額		688	3.71	2271	應付費
1260	預付款項		179,115	1.56	2224	公平價
1280	其他流動資產	四.20及五	85,936	0.75	2280	一年內
1291	受限制資產－流動	四.4及六	182,226	1.59	21xx	其他流
11xx	流動資產合計		6,226,586	54.28	2410	流動

註:單位為新台幣千元　　資料來源:公開資訊觀測站　　整理:羅仲良

圖3 **2008年第1季即將到期還款有2億3250萬元**
──仕欽（已下市）2008年第1季合併財報：長期借款部分明細

13. 長期借款

貸款銀行	借款期間	利率%	借款餘額 97.3.31	說　明
台新票券	95.04.06~ 97.04.06	1.988	$100,000	自 95 年 4 月 6 日，每 3 個月到期重新發行新票，共 8 期
中國信託 等聯貸案	96.06.28~ 99.06.26	2.90~ 2.93	800,000	按期付息，本金到期償還。
大眾銀行 等聯貸案	95.05.09~ 98.05.09	3.062~ 4.163	560,000	自 96 年 5 月 9 日起，每半年為 1 期，共 5 期，前 4 期每期償還 120,000 仟元。，第 5 期償還 320,000 仟元。
元大銀行	95.06.15~ 99.06.15	3.100	100,000	自 97 年 6 月 15 日起，每 3 個月為一期，共 8 期，每期償還 12,500 仟元。
小　計			1,560,000	
減：一年到期之長期借款			(137,500)	

> 2008.04.06到期要還1億元

> 2008.05.09需依聯貸條件還款1億2,000萬元

> 2008.06.15起每3個月還1,250萬元

註：單位為新台幣千元　　資料來源：公開資訊觀測站　　整理：羅仲良

圖4 **仕欽2008年第1季身負長期借款8億9000萬元**
──仕欽（已下市）2008年第1季合併資產負債表

單位：新台幣仟元

三十一日 %	代碼	負債及股東權益 會計科目	附　註	九十七年三月三十一日 金額	%
		流動負債			
2.97	2100	短期借款	四.9	$3,292,558	28.72
39.18	2120	應付票據		35,119	0.31
2.16	2140	應付帳款		1,240,680	10.82
2.36	2160	應付所得稅	二及四.20	3,285	0.03
3.71	2271	應付費用		431,888	3.76
1.56	2224	公平價值變動列入損益之金融負債－流動	二及四.10	1,188	0.01
0.75	2280	一年內到期之長期借款	四.13	137,500	1.20
1.59	21xx	其他流動負債		435,795	3.79
54.28	2410	流動負債合計		5,578,013	48.64
	2400	長期負債			
1.38	2401	公平價值變動列入損益之金融負債－非流動	二、四.11及四.12	5,961	0.05
0.64	2411	應付公司債	二及四.12	22,015	0.19
2.02	2421	長期借款	四.13	862,470	7.52
	24xx	長期負債合計		890,446	7.76

資料來源：公開資訊觀測站　　整理：羅仲良

疑點 4》母公司營業費用暴增

2007 年第 4 季仕欽母公司的營業費用 6 億 900 萬元，相較 2007 年第 3 季的 1 億 2,800 元暴增快 5 倍多，相當弔詭。

徵兆 4》股價低檔卻有融券大量放空

仕欽當時股價跌到 7 元～ 8 元已經是跌得很低了，卻還有人願意在這麼低的低點大量放空它，這種現象非常的詭異；此外，配合我看到的種種事跡，很可能這是內線的空單進場（詳見圖 5）。

徵兆5》私募資金不順

在負債累累、本業大幅虧損而現有資金無法應付下，仕欽公司派曾試圖進行私

圖5 仕欽股價跌至低檔，市場卻出現大量融券
──仕欽（已下市）倒閉前日線走勢圖及融券餘額

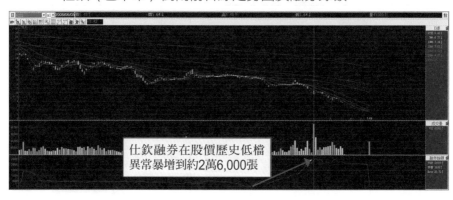

仕欽融券在股價歷史低檔
異常暴增到約2萬6,000張

資料來源：元富證券下單軟體「股市大亨 3」　　整理：羅仲良

募但卻失敗了。在沒有新資金的奧援下，仕欽注定是死路一條。

　　後來仕欽果然在 2008 年 6 月底爆發財務危機之後跳票下市，我因此獲利約 40 萬元。而它也成為我踏入股市以來第 1 次放空獲利的股票（之前放空都沒什麼好成績），以及第 1 次放空成功的地雷股。

成功放空獲利添信心，樣貌猶如脫胎換骨

　　從 2008 年 1 月砍掉華碩，直到發現仕欽之前這段時間，我都還沒有從華碩的失敗中走出來，挫折感依舊很重；加上小孩出生後一些必要的開銷，讓手上的錢不斷快速地流失，更讓我整天垂頭喪氣、失魂落魄，老是一副「死人臉」，自信心也是少得可憐。那一陣子跟我見過面的人，什麼都不必問，應該都能看出「我很失意」。

　　還記得當時我看著剛出生的雙胞胎女兒們，心裡很是愧疚，同時害怕以後會讓小孩過苦日子，也很擔心未來的龐大開銷。我一方面在心裡十分懷疑地問我自己：「我真的還能再贏嗎？我是做股票的料嗎？」另一方面則看著女兒們可愛的臉，在心裡暗暗地跟她們說：「聽人家講，小孩子出生後會為父母帶來財運，妳們一次來兩個，而且又這麼可愛，看起來不像窮人家的小孩，一定要替爸爸帶來好運才行。」

　　後來事實證明，我的兩個女兒真的帶給我很好的財運，從仕欽之後，我的操作就開始很順遂，整個人也開始樂觀了起來；和之前一副「衰樣」的樣貌（路上的小朋友看了大概都會跟媽媽說：「媽媽，那個叔叔是不是很倒楣呀？」）判若兩

人。仕欽讓我重振信心，開始從華碩慘敗的低潮中走出來。

心得與檢討

❶**順天者昌，逆天者亡**：華碩我逆勢死抱，賠得有如喪家之犬；仕欽我順勢放空，卻迅速輕鬆賺到 40 萬元。

❷**做足功課讓我能放膽做空**：這次仕欽會操作順利，除了因為以往操作訊碟（更名為吉祥全 2491）、鼎大（已下市）的經驗，讓我對地雷股不算陌生，還有就是十分透澈地研究過仕欽。從營運軌跡、財務報表得知仕欽當時已經岌岌可危，股價大跌後融券卻在低檔無故異常暴增，以及當它意圖私募資金失敗時，更讓我知道仕欽這次是死定了，才敢放膽做空並且緊抱持股。

❸**個股的財報就像寶庫一樣**：用心去閱讀及解讀個股財報，可以從中獲得許多寶貴的訊息。

第16站

全力放空地雷股
2個月重返天堂

2008年6月──歌林（已下市）
低檔融券爆量必有蹊蹺：股價在低檔，融券卻「異常」暴增，誰這麼大膽在低點大量放空？是公司出了問題嗎？

2008 年 6 月，在放空仕欽一段時間，手上空單開始獲利時，我發現歌林（1606，已下市）股價的弱勢以及暴增的融券和仕欽一樣（詳見圖 1），因此引起我的注意。仔細研究後更發現以下的徵兆：

歌林出現6大地雷徵兆，準備出手布空單

徵兆1》應收帳款及存貨異常高

由資產負債表可知，歌林 2008 年第 1 季的應收帳款及票據約有 113 億 8,000 萬元，存貨約 40 億 6,000 萬元（詳見圖 2），而歌林 2008 年 4、5 月的營收滑落至約 8 億元左右的水準（詳見表 1）。

歌林 2008 年第 1 季「應收帳款＋存貨」，合計約 154 億 4,000 萬元，用最近期的月營收（以 8 億多元為月均值）換算後，大約為 1 年半的營收。即使

圖1 2008年6月歌林融券突然暴增
——歌林（已下市）日線走勢圖及融券餘額

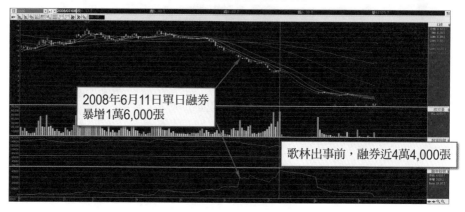

2008年6月11日單日融券
暴增1萬6,000張

歌林出事前，融券近4萬4,000張

資料來源：元富證券下單軟體「股市大亨3」　　整理：羅仲良

圖2 歌林2008年第1季應收帳款高達113億8000萬元
——歌林（已下市）2008年第1季資產負債表

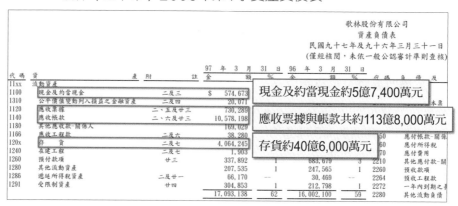

現金及約當現金約5億7,400萬元

應收票據與帳款共約113億8,000萬元

存貨約40億6,000萬元

註：單位為新台幣千元　　資料來源：公開資訊觀測站　　整理：羅仲良

表1 歌林2008年4、5月營收大幅滑落
——歌林（已下市）2007年8月～2008年5月營收狀況

月份	營收（億元）	去年同期（億元）	成長率（%）
2008年5月	**8.44**	18.87	-55.25
2008年4月	**7.54**	15.3	-50.69
2008年3月	9.45	15.75	-39.99
2008年2月	9.36	13.8	-32.13
2008年1月	15.78	14	12.67
2007年12月	16.62	15.68	5.96
2007年11月	20.72	15.12	37.09
2007年10月	22.29	15.47	44.06
2007年9月	21.42	15.24	40.6
2007年8月	20.1	13.7	46.73

資料來源：元富證券網站　　整理：羅仲良

以較高的2008年1月營收15億7,800萬元來算，也相當於10個月的月營收。歌林在外未收回的帳款加上存貨竟然高達10個月到1年半的營收，是非常誇張且不合理的現象，因此讓我當時產生合理的懷疑——歌林可能做假帳。

徵兆2》歌林策略夥伴新泰輝煌恐倒閉

當時歌林在美國的策略夥伴兼轉投資公司「新泰輝煌（Syntax-Brillian）」，2008年初由於財報交不出來，收到美國那斯達克（Nasdaq）的下市警告通知：「限期於2008年7月底前繳交財報，否則會勒令下市。」而歌林當時大部分的業績就是集中在Syntax-Brillian，絕大部分未收回的應收款也是集中在這間公

司。在當時我因為以下幾點的觀察，而判斷 Syntax-Brillian 肯定交不出來財報，注定要從那斯達克下市。

原因 1》董事長「落跑」了

Syntax-Brillian 出問題後，該公司董事長為了以示負責，先是主動降薪至年薪1 美元，同時表示將盡最大努力解決公司危機。結果那位董事長在經過幾個月的「最大努力」後離職了，改由別的高階主管接任（主管機關都還沒執行下市命令董事長就先落跑了，這家公司肯定沒救）。

原因 2》股價在 2008 年 6 月再創歷史新低（破同年初暴跌的低點）

公司如果有救的話，股價就不可能一直在一個超低的價位盤整不上漲，應該會因為可能起死回生的利多而大漲特漲。然而股價不漲就算了，在主管機關「限期7 月底前繳交財報否則勒令下市」的前 1 個月，股價竟然從低到不行的位置再破新低，這也是個肯定沒救的訊號。

徵兆3》歌林本業其實是虧錢的

由歌林的損益表可知，歌林 2008 年第 1 季稅後獲利是 600 萬元，但這個獲利是「財報」上認列的獲利（詳見圖 3）；因為 Syntax-Brillian 根本就是一間瀕臨倒閉的公司，而歌林因為受到牽連，必定會有大量的應收帳款變成呆帳。所以我判斷「實際」上在 2008 年第 1 季甚至 2007 年這一整年，歌林根本都是賠錢的。

從前面的月營收明細可知，歌林 2008 年 4、5 月以來的月營收都較去年同期暴減 50% 以上，也比第 1 季衰退許多。2008 年第 2 季累計營收肯定比第 1 季

圖3 2008年第1季財報顯示為獲利，其實應是虧損
── 歌林（已下市）2008年第1季損益表

7510	利息費用			125,775)	(	4)	(	100,833)	(	2)
7540	處分投資			6,732)	--		(| 89)	--	
7640	兌換損失			93,639)	(	3)		23,853)	(	1)
7880	其他損失			18,790)	--			124,775)	(| 3)
			(	244,936)	(	7)	(			
7900	繼續營業部門稅前淨利			5,824	--			206,632		5
8110	所得稅利益(費用)	二及廿一		594	--		(	11,458)	(	1)
9600	繼續營業部門淨利		$	6,418	--		$	195,174		4

歌林2008年第1季損益表
單位：新台幣千元

			稅 前	稅 後	稅 前	稅 後
9750	基本每股盈餘	廿二	$ 0.01	$ 0.01	0.25	$ 0.24
9850	稀釋每股盈餘	廿二	$ 0.01	$ 0.01	0.23	$ 0.22

假設子公司買賣及持有母公司股票不視為庫藏股時之擬制性資訊：

本期(損)益	$ 5,824	$ 6,418	$ 206,632	$195,174
	稅 前	稅 後	稅 前	稅 後
基本每股盈餘	0.01	0.01	0.25	0.23
稀釋每股盈餘	0.01	0.01	0.23	0.22

稅後獲利約600萬元，
但實際上是虧損的

請參閱後附財務報表附註暨調和聯合會計師事務所
郭振林會計師及高榮熙會計師民國九十七年四月二十五日核閱報告書

資料來源：公開資訊觀測站　　整理：羅仲良

差，所以2008年第2季歌林的虧損勢必較第1季擴大。

徵兆4》可轉換公司債跌跌不休

當時歌林的「可轉債」歌林二（16062）跌跌不休、一路下挫。當一間公司倒閉，公司債會比股票優先拿回錢。歌林二的跌跌不休，雖然不代表歌林一定會倒，但也透露出持有者對歌林不看好，即使已經可以優先拿回錢，卻仍選擇在市場上拋售。

徵兆5》負債累累、極度缺乏現金

歌林 2008 年第 1 季的資產負債表顯示，歌林「流動負債＋長期負債」約 168 億元（詳見圖 4），相當龐大。再從前面資產負債表揭露的資訊可以了解，歌林 2008 年 3 月底為止現金剩 5 億 7,400 萬元。而 5 億 7,400 萬元經過 4、5 月的虧損，並且支付一些債務的本金及利息（詳見圖 5），雖然在 6 月多那時沒有揭露歌林現金還剩多少，但可想而知，應該是岌岌可危的情勢。

徵兆6》歌林將面臨7月錢關難過

圖4 2008年第1季負債共約168億
——歌林（已下市）2008年第1季資產負債表

						97　年　3　月　31　日		96　年　3　月　31　日	
歌林股份有限公司									
資產負債表									
民國九十七年及九十六年三月三十一日									
（僅經核閱，未依一般公認審計準則查核）								單位：新臺幣千元	
3 月 31 日		代碼	負債及股東權益		附註	金額	%	金額	%
金額	%								
		21xx	流動負債						
841,359	3	2100	短期借款		十三	$ 1,746,036	6	$ 3,673,200	13
72,544	--	2110	應付商業本票		十四	339,001	1	411,274	1
041,509	4	2180	公平價值變動列入損益之金融負債		十五	104,469	--	14,701	--
821,945	32	2120	應付票據		廿三	931,595	4	7,148	--
709,113	3	2140	應付帳款			2,162,152	9	841,190	3
152,531	--	2150	應付帳款-關係人		廿三	2,301,369	8	5,344,292	21
165,580	12	2160	應付所得稅		二及廿一	62,253	--	1,511	--
23,008	--	2170	應付費用		廿三	495,018	2	228,041	1
683,679	3	2210	其他應付款-關係人		廿三	95,147	--	17,336	--
247,565	1	2260	預收款項			215	--	443,264	2
30,469	--	2264	預收工程款		二及七	16,362	--	11,211	--
212,798	1	2272	一年內到期之長期借款		十七	449,210	2	1,018,981	4
002,100	59	2280	其他流			295,153	1	38,243	--
			流動負債約89億9,800萬元			8,998,028	33	12,050,392	45
924,298	14	24xx	長期負債						
107,095	8	2410	應付公司			1,541,761	6	404,380	2
		2420	長期借	長期負債約77億9,900萬元		6,257,715	23	3,552,963	12
494,161	2					7,799,476	29	3,957,343	14

資料來源：公開資訊觀測站　　　整理：羅仲良

　　我當時瘋狂地搜尋有關歌林的一切資訊——上財經網站看歌林的新聞，和已經整理好的財務報表、到公開資訊觀測站下載歌林的財報一頁一頁地看、也去歌林的個股討論區看看人家對它的看法。那時看到一份公開的資訊：揭露歌林預計要還款的金額、日期和銀行名稱（我沒留下當時的資料，也已經忘記當初在什麼地方看過，現在要找也找不到了）。

　　記得看到那份資訊時，自己感覺就像「考試時發考卷還同時發了一份解答」。透過對歌林財務、營運狀況的了解，再配合那份資訊裡揭露：7月份某一日會有

圖5 2008年起，歌林需陸續償還長期借款
——歌林（已下市）2008年第1季財報：長期負債還款明細

註：單位為新台幣千元　　資料來源：公開資訊觀測站　　整理：羅仲良

比較大筆的借款要還，我預計以當時歌林的財務狀況肯定還不出來，一定過不了那關。就算不可能過得了的那關也讓歌林過了，沒多久它也要面臨 7 月底前 Syntax-Brillian 要下市的大利空。所以綜合所有我看到關於歌林的資訊：

1. 股價大跌融券卻暴增：很明顯有特定人士有恃無恐的在低檔放空。

2. 超級利空要爆發：轉投資策略夥伴兼主要債務人 Syntax-Brillian 在 7 月底前會倒，以至於沒有上百億元也有數十億元的應收帳款會因此而蒸發。

3. 本業急速惡化，2008 年第 2 季肯定大虧。

4. 極度缺乏現金，2008 年第 1 季負債約 168 億元，現金卻只剩 5 億多元，到 6 月肯定更少。

5. 可轉債歌林二暴跌透露不尋常訊息。

6. 錢關難過，7 月面臨倒閉危機。

難得找到地雷股，用盡所有資金放空

我當時不是「判斷」或「預測」歌林會倒，而是「知道」歌林會倒，甚至連它大概 7 月幾號前必定會倒我都知道。在我研究歌林前 1、2 週，我們家才剛買了 1 台歌林電風扇，這下看起來，等不到 1 年保固期滿，歌林就要先倒了。遇到這人生難得一見的機會，加上先前捉到仕欽這檔地雷股的激勵，我做了每個股票操

作者都會做的明智決定——盡我所能地放空歌林，送它一路上西天，補償家裡那台歌林電風扇保固期縮短的損失。

所以從 2008 年 6 月 18 日起，我在 8 元附近開始放空歌林；7 月初它跌到 6 元多時，我將原來在 8 元多布下的空單補掉，把獲利全部釋放出來，以便重新再下更多空單。同時再把我還沒投入且能動用的資金，連渣都不剩地全部重壓在歌林的空單。由於自己實在太想放空更多歌林的空單，甚至覺得錢卡在當時正在連續鎖跌停板的仕欽裡有點浪費，但仕欽正在連續鎖跌停板，就這麼回補空單把錢抽出來，實在也很愚蠢。

在難以取捨的情況下，我硬著頭皮拿仕欽的空單部位作為擔保，讓我媽知道我有錢，只是被卡在仕欽的空單，以此向她調了近 50 萬元，就這樣把卡在仕欽空單大部分的錢抽出來放空歌林。而我媽果然也是個精明的生意人，她說借錢給我拿去放空歌林，她所擔的風險很大，所以向我要求 5 萬元的利息。我心裡想：「哇！這麼高的利息！如果是借 1 個月，等於是筆年利率 120% 的貸款，我老媽真是有夠會逮到機會就狠敲我一筆。」但是想想，反正當初自己的本金，也是我糊弄她拿去還房貸而得來的（詳見第 11 站），這 5 萬元就當作給老媽吃紅好了，於是我答應借了這筆「孝親高利貸」。

當時我所任職的元富證券因為是自辦融資融券，所以在歌林這檔股票的券源不多。當時元富證券的歌林融券額度，全部都被我空光，甚至連「前一天就預調券源」這招都用上了，但仍舊不夠我放空。

手頭上還留有幾十萬元的現金，卻沒有歌林的融券額度可空，實在是暴殄天物；

原本有想到請家人趕緊去別家券商開戶，但又怕開戶手續還沒完成，券源就先被歌林的主力搶先空光了。因此我緊急拜託一位比較熟識的朋友，用他在別家券商的戶頭來放空歌林。那時怕對方不願意，於是我承諾他：「如果賠了就算我的；如果賺了，有 10 張歌林空單的利潤給你吃紅。」

就這樣，一般正常融券的槓桿，是「股票市值除以 9 成的融券保證金」約為 111%，我自己硬是借了筆孝親高利貸，把仕欽加歌林的融券部位空到大約是本金的 140%，就這樣總共放空了 320 張～ 330 張歌林。

成功空到歌林下市，1個多月賺160萬元

後來（大概是在 2008 年 7 月 9 日附近吧）新泰輝煌不等那斯達克逼宮，就自行宣布破產，而歌林受此消息拖累開始連續無量下跌。又過了沒幾天，歌林就傳出跳票，被打入全額交割股；接著因為跳票未註銷且累計超過 3 張，於是被證交所依規定辦法執行下市處置，一路鎖跌停直到下市。而我則因此在 1 個多月的時間從歌林身上賺了約 160 萬元（其中已經扣掉 5 萬元的利息和借戶頭的 6 萬元紅包）。

當時自己手上的股票空到爆滿，庫存就是仕欽和歌林這 2 檔地雷股：仕欽先在 6 月底掛掉，歌林大約是在 7 月中旬掛掉。每天都不用看盤，就知道隔天庫存的 2 檔股票會鎖跌停。那種感覺「超 ‧ 級 ‧ 爽」！我人生做股票最痛快的時候，就是連續捉到仕欽及歌林這 2 檔地雷股。

就像在半年以前的 2008 年 1 月，自己做夢都想不到華碩（2357）股票會跌

得這麼慘一樣，而這種「做夢都想不到」的感覺在 2008 年 7 月再度出現。那就是「我竟然能放空放得這麼順」，真的是自己怎樣也夢不到的狀況──順到可以連續捉到兩檔跳票下市的地雷股，硬是讓我在 2 個多月的時間賺進 200 萬元。

2007 年 11 月～ 2008 年 1 月，自己在 2 個多月的時間裡從天堂掉到地獄；而 2008 年 5 月中旬～ 2008 年 7 月底，同樣也是 2 個多月，我又從地獄飛上了天堂。我做到了一件我連做夢都不可能夢到我能辦到的事。

心得與檢討

❶**在股海中升級**：經過仕欽與歌林這 2 次的放空戰役，我知道自己在「股市」這間學校裡又向上升了一個年級，只是股海茫茫，我仍搞不懂自己算是低年級還是高年級。

❷**留得青山在，不怕沒柴燒**：人只要活著、還有本金就有機會。雖然被華碩搞到本金剩下那可憐的 1/3 不到，但想想萬一沒那 1/3 不到的本金，即使發現了可以讓我賺錢的仕欽和歌林，自己也會因為沒有本金而失去難得的賺錢機會。

❸**短時間壓身家式操作充滿危機**：這次的操作雖然看似漂亮，對標的判斷完全正確，且從開始到結束都是處於獲利狀態，沒花多少時間、沒遭遇多大的抵抗就取得了豐碩的成果，似乎像是個股票高手的操作。但後來我才知道這種在短時間內「以身相許、義無反顧」──壓身家式持股滿檔地放空操作，其實是充滿了危機。所以過不了多久，我就因為這樣的操作方式，在放空力特（3051）時吃盡了苦頭（詳見第 17、18 站）。

第17站 未控制風險就放空 再吞慘敗苦果

2008年8月5日～8月14日——力特（3051）

有勇無謀的放空操作：當時的我驚覺到自己實在太天真，完全沒有對風險做控制，放空力特的情勢已經完全和原先所預期相差甚多……。

　　連續兩次順利的地雷股操作（仕欽和歌林），讓我更把精神全力放在找尋新的地雷股。也不知道是幸運還是不幸？我又找到一檔有可能營運出大問題的股票標的：力特（3051）。它和仕欽、歌林有類似的特性，唯一不同點就是仕欽與歌林都有做假帳的嫌疑，而力特就比較沒被我發現財報可能造假的地方。

力特出現4大徵兆，亮起空頭警示燈

徵兆1》**弱勢的股價、暴增的融券**

　　2008 年 8 月初，力特股價跌跌不休，融券卻違反常理在 4 元～ 5 元的歷史低價暴增，這情況和仕欽、歌林在出事前的特徵相同。

徵兆2》**本業惡化**

　　力特自 2005 年至 2007 年連虧 3 年，2007 年虧損更超過 20 億元（詳見

圖1 力特自2005年起連續虧損3年
——力特（3051）歷史績效表

年度	100	99	98	97	96	95	94	93	92	91	90	89	88	87
加權平均股本	27	27	50	50	51	50	47	35	25	18	13	8	7	4
營業收入	39.2	53.8	51.0	109.3	186.5	213.3	217.6	170.1	100.2	59.9	23.4	13.0	2.6	0.0
稅前盈餘	-10.2	-8.9	-26.2	-29.0	-19.8	-13.7	-20.9	32.3	15.5	7.0	1.0	0.9	-1.0	-0.2
稅後純益	-10.7	-14.6	-16.0	-37.1	-21.1	-13.9	-18.6	30.4	14.0	7.2	2.3	1.5	-0.7	-0.2
每股營收(元)	12.0	20.1	10.2	21.9	36.8	42.2	44.1							.0
稅前EPS	-3.7	-3.3	-5.3	-5.8	-3.9	-2.7	-4.5							.7
稅後EPS	-3.9	-5.5	-3.2	-7.4	-4.2	-2.8	-4.0							.5

力特稅後純益自2005年（民國94年）起連續3年呈負數，2007年虧損超過20億元

註：單位為新台幣億元　　資料來源：MoneyDJ網站　　整理：羅仲良

圖1）。2008年第1季已公告財報則虧約3億2,700萬元；第2季財報當時雖然還沒公告，但營收和第1季相當且面板產業又正值寒冬，所以也是會繼續虧損。

徵兆3》**資金吃緊**

再看力特的資產負債表和財務比率概況（詳見圖2～圖4），力特帳上的現金逐年減少，至2007年底帳上現金剩約13億3,600萬元，但短期借款約有4億5,700萬元，1年到期的長期借款有34億600萬元，負債比率65%相當高，速動比率卻只有57%，現金及約當現金水位偏低。

而至當時2008年第1季最新揭露的「合併資產負債表」，顯示現金由13

圖2 **2007年底帳上現金僅13億3600萬元**
——力特（3051）合併資產負債年表：資產項目

期別	100	99	98	97	96	95	94
現金及約當現金	270	176	176	431	1,336	2,189	2,324
短期投資	0	0	0				
應收帳款及票據	967	796	771	1,10	現金及約當現金逐年減少		
其他應收款	77	46	122	188	566	454	562
短期借支	0	0	0	0	0	0	0
存貨	1,377	1,771	1,366	2,328	3,407	5,787	5,947
在建工程	N/A	N/A	N/A	N/A	N/A	N/A	N/A
預付費用及預付款	30	117	74	0	0	0	0
其他流動資產	299	179	135	607	869	916	707
流動資產	3,020	3,084	2,644	4,656	8,198	12,286	12,312
長期投資	0	0	0	0	0	0	10

註：單位為新台幣百萬元　　資料來源：MoneyDJ 網站　　整理：羅仲良

圖3 **2006年～2007年力特償債能力惡化**
——力特（3051）財務比率合併年表

期別	100	99	98	97	96	95
稅後淨利成長率	26.52	8.73	57.03	-75.74	-51.92	25.24
總資產成長率	-9.29	-13.59	-13.78	-24.63	-17.98	-1.70
淨值成長率	-78.99	-54.44	-37.20	46.64	39.50	9.99
固定資產成長率	-16.22	-15.13	-59.08			
償債能力				負債比率上升，且代表短期償債能力的流動比率、速動比率持續惡化		
流動比率	93.81	94.36	82.19	118.79	120.70	154.43
速動比率	40.83	31.14	33.22	43.92	57.74	70.17
負債比率	97.82	90.57	82.11	75.44	65.31	64.21
利息保障倍數	-3.38	-2.63	-8.46	-5.03	-3.02	-2.53

註：單位為%　　資料來源：MoneyDJ 網站　　整理：羅仲良

圖4 2007年底力特短期債務壓力達38億6300萬元
——力特（3051）合併資產負債年表：負債項目

期別	100	99	98	97	96	95	94
短期借款	2,169	2,165	2,349	2,510	457	650	0
應付商業本票	0	0	0	0	0	0	0
應付帳款及票據	444	472	237	572	2,198	3,279	3,312
應付費用	158	179	146	221	472	663	594
預收款項	117	5	0	0	0	0	0
其他應付款	2	16	2	50	206	329	340
應付所得稅	0	0	0	0	0	30	223
一年內到期長期負債	324	425	472	554	3,406	2,931	2,895
其他流動負債					52	74	59
流動負債					6,792	7,956	7,422
長期負債	8,204	8,351	9,038	9,134	8,240	10,093	10,082

> 2007年（民國96年），短期借款4億5,700萬元，1年到期長期借款34億600萬元，流動及長期負債共計約150億元

註：單位為新台幣百萬元　　資料來源：MoneyDJ網站　　整理：羅仲良

億3,600萬元下降到9億9,500萬元，短期借款由4億5,700萬元增加到9億4,700萬元。1年內到期的長期負債由34億600萬元略減為32億7,900萬元。呈現出資金吃緊不足以支付債務，且現金流出、債務增加並以短債支應長債（借短支長）的變化。

徵兆4》偏光板自製化趨勢，客戶訂單流失

　　當時每家面板廠的各項零組件都有自製化的趨勢，而力特所處的偏光板產業也不例外。面板廠很多都有自己扶植且財務體質優良的偏光板子公司或合作廠商。

例如：友達（2409）──達信、奇美電（後於2010年併入群創）──奇美材料、LG──LG化學、三星──Ace Digitech、日本的面板廠則有日東電工在配合等。

每家面板廠偏光板的訂單，都逐漸轉給自家子公司，這種現象讓力特的訂單逐步流失。正因為這樣，各家面板廠就沒有什麼理由去自蹚渾水──收購像力特這樣負債累累、體質不佳的獨立偏光板廠商。

所以綜合上面幾項因素，我知道力特短線上經過4月～7月的連續虧損，帳上現金肯定更加吃緊；中長線上因為偏光板面板廠自製化的趨勢，所以力特可能被收購的機會很小。另外，股價都跌到4元～5元了，還有這麼多融券突然冒出來，顯示力特必定已經是岌岌可危，內線空單才會趁機進場，準備送它「上西天」。

3天放空600張，就遇到第1根漲停

因為仕欽與歌林皆連戰報捷，加上自己觀察到的種種資訊，讓我有強大的信心判斷力特大勢不妙了，於是採取和歌林當時同樣的操作手法──「快速且大量的用力放空」。當時我這個才全力放空幾個月的新手，真的是把主力當白痴，天真到以為力特的股價會像仕欽、歌林一樣的走勢，在跌勢開始前最多只漲個1根半的漲停板，用這種「小家子氣」的漲勢稍微嚇唬一下跟轎的空頭，過沒多久就會開始暴跌。

因此2008年8月5日～7日，短短3天我就布好力特的空單部位，在4.4元附近空了600張（詳見圖5）。投入近8成的資金放空，卻完全沒有任何撤

圖5 見股價低檔融券暴增，進場放空10天慘敗
——力特（3051）日線走勢圖及融券餘額

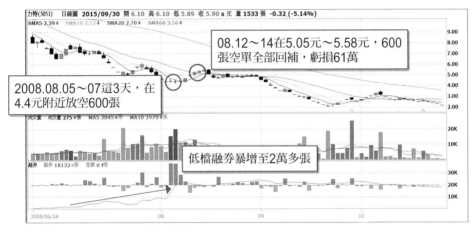

資料來源：XQ 全球贏家　　整理：羅仲良

退計畫；而保留的資金如果有個什麼萬一，也遠遠不夠用。自己會這樣操作，主要是因為當時心想：「反正最多忍個1根半漲停就好。」所以也就沒有去想：「如果有什麼不利情形發生，我要如何處理？」

果然在8月7日我空完600張，心裡已經在盤算這次鐵定可以賺160萬～200萬元左右。8月8日當天，預期會出現1根半漲停的第1根漲停果真出現了！

由於自己早就有「會上漲」的心理準備，所以8月8日收盤價4.69元，1

天之內帳上立刻出現 18 萬元左右的虧損。那時我毫不在意，也沒有任何警覺心，就這麼傻呼呼抱著帳面 18 萬元的虧損度過週休二日；還幻想等星期一假強勢的半根漲停後，星期二準備進入暴跌的開始，接著就可以再度享受放空地雷股後，連續鎖跌停板、每天用計算機數錢的快感。

未考量風險慘遭軋空，10天損失61萬

結果 8 月 11 日星期一，預期中的半根漲停卻變成是 1 根漲停，而且還是稍微震盪後就漲停鎖死在 5.01 元（漲停板）。空單如果在盤中見局勢不對想回補時，已經來不及回補，這時我帳面上已經虧損近 37 萬元。事後在當天晚上檢討時，我才意識到自己太過樂觀，而且沒留下什麼後路。即使那時的信心並沒有受到動搖，我依然深信力特必掛。但考量到既然情勢不如我所想的這樣樂觀，於是就決定先減碼一些（唉！當時心裡還是不肯全出，還是心存僥倖）。

然而 8 月 12 日減碼 100 張空單後，力特漲勢還是沒停，即使不像先前的漲停，但還是大漲了約 4% 多，所以 8 月 13 日我再回補 100 張。雖然 8 月 13 日的漲勢又趨緩了一些，但還是漲了 2% 多，股價來到 5.36 元。算一算自布下空單以來，我已經整整賠了 3 根漲停板。由於當時所放空的數量對我而言，實在是大到讓我心理感覺到壓力很重，心裡也沒個底：力特到底還要再漲多久？漲多少之後才會重新下殺？我原本的計畫完全被打亂。

當時的我驚覺到自己實在太天真，完全沒有對風險做控制。放空力特的情勢已經和原先所預期的相差甚多，所以即使覺得自己很可能會補在高點，但最後還是決定「與其死撐去承受完全未知的風險，不如承認失敗先退場再說」。而事實也

證明在 8 月 14 日，自己最後的 400 張還真的補在波段最高點（心裡真的是無言到最高點）。

　　從 8 月 5 日進場到 8 月 14 日出場，短短 10 天我就損失大約 61 萬元。這次的挫敗，終結了我從 2008 年開始翻空後就連戰皆捷的氣勢，所幸當時只賠掉錢，沒有賠掉信心。雖然是補在高點，但我知道這只是暫時的挫敗，力特的狀況還是一樣的糟糕。當時心裡知道：不久的將來我還是會捲土重來，再來操作力特這檔我覺得放空必勝的股票。

第18站 資金、情緒控管出錯
看對也會賠錢

2008年9月底～10月初
操作不只是選股而已：判斷正確，但在操作、資金控管或情緒控管出錯，
一樣還是賺不到錢。

　　經過 2008 年 8 月上旬的挫敗後── 10 天內資金急速蒸發 61 萬元，說實在我有點被嚇到，畢竟賠的速度有點快，才 10 天就把我歌林的戰果賠掉快 4 成。不過怕歸怕，看了力特（3051）的財報和走勢，我對力特即將要掛掉的判斷仍深具信心，於是我鼓起勇氣準備再次進場放空力特。只是這次稍微觀察了情勢並重新訂定戰略──「分批放空：一步一步加重放空部位」。

　　畢竟有了 8 月上旬的教訓後，即便認為力特必掛，但如果把資金一次全砸下去放空而不留後援，當遇到大一點的軋空或反彈，我只能束手無策地等死。力特還沒掛，自己就先掛了，我可不想和力特共赴黃泉。正所謂「一朝被蛇咬，十年怕草繩」。2008 月 9 月 2 日，我懷抱著對力特必掛的「理智」判斷，以及剛受創而擔驚受怕的「心情」，戴著鋼盔、壯著膽子再次出擊，在力特當日平盤價 4.55 元放空 30 張。

　　相較 1 個月前的受挫，這次放空力特一開始則是相當地順利。簡直順利到讓

人有點「嘸爽」（台語，不開心之意），因為我空太少了。我一空完當日，就跌2角收在4.35元，馬上就出現一小點的獲利，然後就連續3根跌停板急速下殺，且連著3天盤中完全沒有平盤可以放空的機會！一空完馬上急殺，應該要高興，但想到8月初空了600張，現在手上卻只有當初5%的部位，複雜的心情讓我賺錢賺到「歸巴肚火」（台語，意指很生氣、滿肚子火）。

為分散風險，兵分三路放空3檔標的

2008年9月8日力特跌停打開，且有平盤可布空，於是再空30張（這時自己還在矜持，還是空得很保守）。當時同時也看空樂士（1529）、英誌（2438，已於2014年更名為翔耀），所以決定兵分三路搭配樂士、英誌的空單。

我心裡想的如意算盤是，除了原本分批的策略外還能分散標的，進一步也能達到降低風險的目的。如此一來，即使其中1、2檔標的走勢不利於我的預期，剩下的1、2檔只要繼續跌或至少暫時不要被軋，再加上手上準備留做保證金的資金，應該足以撐過大部分的反彈，然後重新迎接跌勢。

下面簡述當初看空這幾檔標的理由：

力特：①主力布空單；②已連續3年虧損，2008年續虧；③主要客戶培植自家偏光板廠；④營收節節敗退；⑤2008年8月關閉兩條生產線；⑥股價弱勢創新低。

樂士：①存貨異常；②應收帳款偏高；③營收衰退本業虧損；④財務吃緊；⑤

有主力布空單;⑥股價持續破底。

　英誌:①營收衰退;②財務吃緊,2008 年 11 月 24 日需還款 14 億 8,000 萬元但缺乏現金,且當時英誌的獲利能力呈現衰退(詳見圖 1～圖 3);③龜山鄉忠義路上總公司掛出求售布條;④有主力布空單現象。

放空後果然大跌,不甘部位太少又加碼

　2008 年 9 月 8 日空完後,手上共有力特 60 張、樂士 20 張、英誌 30 張的空單。力特的部位是 1 個月前的 10%,然後就連跌 3 天,其中有 2 天連續跌停板鎖死。又是個讓人「嘸爽」(台語)的走勢,跌勢像六福村裡極速下降的大怒神,但我的部位卻少得可憐,即使這次我是賺錢的,卻一點也高興不起來。

　從 9 月 2 日至 11 日共有 8 個營業日,力特股價自 4.55 元急速下跌到 2.96 元,總共跌了 34%;但我卻只在力特上頭賺了約 7 萬元,即使加上樂士和英誌的部分,也差不多只有 10 萬元,自己簡直是在浪費行情。我自虐地幻想著如果一開始就和之前一樣放空 600 張,短短 8 個營業日就可以賺到 95 萬 4,000 元,我開始覺得自己似乎過度保守……。

　9 月 12 日跌停又打開,同時有平盤以上的價位可以放空,這次我再也矜持不住了,當天空了 140 張力特,一次把力特空單部位拉到 200 張,同時再加空樂士和英誌的空單。這時手上共有力特 200 張、樂士 50 張和英誌 50 張空單。之後又是連跌 5 天,其中 4 天鎖跌停板。樂士、英誌也和力特的走勢如出一轍,也是連續跌停好幾天(哈!這次因為部位不像之前少到讓人這麼「嘸爽」,所以

圖1 英誌2008年11月24日需還款14億8000萬元
——英誌（已更名）2008年合併半年報：長期借款列表

13. 長期借款(含一年內到期長期借款)

	97 年 6 月 30 日	96 年 6 月 30 日
渣打國際商業銀行(原新竹國際商業銀行)抵押借款，借款額度 250,000 仟元，借款期間 92.7.14.～97.7.14.，目前利率 4.172%，自 93.10.14. 起，每三個月為 1 期，共分 16 期，每次償還 15,625 仟元(註1)	$15,625	$78,125
遠雄人壽保險實業股份有限公司質押借款，借款額度 100,000 仟元，借款期間 96 年 3 月～97 年 9 月，利率 4.75%，每月攤還本金 5,556 仟；本公司已於本期提前還款	0	77,778
遠雄人壽保險實業股份有限公司質押借款，借款額度 100,000 仟元，借款期間 97 年 4 月～98 年 10 月，目前利率 5%，每月攤還本金 5,556 仟元	88,889	0
寶華銀行借款期間 95.8.8.～97.8.8.，目前利率 4%，自 95 年 9 月 8 日起，每月攤還本金至 97 年 8 月 8 日還清	2,500	17,500
RHB Bank 借款，借款額度 1,450 仟馬幣，目前利率 6.6%～8.1%；分 36 期平均攤還本息	3,111	144
第一商業銀行，借款 95.4.13～105.4.13，目前利率 4%，自 96.4.13 起，每三個月平均攤還本金至 105 年 5 月還清	31,040	42,660
大眾商業銀行等聯貸質押借款，借款期間 94.11～97.11.，可循環動用，動用額度 60,000 仟美元，利率 4.7754%～5.433%。另民國 96 年 6 月修改條件，動用額度為 1,800,000 仟元，目前利率 3.5930%～3.5973%。(註2)	1,480,000	1,800,000

由於本公司民國96年底某一財務比率未達聯貸合約規定，且該聯貸合約將於民國97年11月24日到期，因此將該借款全數轉列為一年內到期之長期借款。

註：單位為新台幣千元　資料來源：公開資訊觀測站　整理：羅仲良

圖2 英誌2008年6月底帳上現金僅2億9300萬元
——英誌（已更名）2008年合併半年報：資產負債表

會計科目	97年06月30日		96年06月30日	
	金額	%	金額	%
資產				
流動資產				
現金及約當現金	293,286.00	2.61	636,503.00	5.27
公平價值變動列入損益之金融資產-流動	1,437.00	0.01	0.00	0.00
備供出售金融資產-流動	0.00	0.00	166,527.00	1.37
應收票據淨額	15,556.00	0.13	32,037.00	0.26
應收帳款淨額	2,065,564.00	18.38	2,348,231.00	19.44
應收帳款-關係人淨額	5,084.00	0.04	0.00	0.00
其他應收款	76,046.00	0.67	122,204.00	1.01
其他金融資產-流動	273,972.00	2.43	167,702.00	1.38
存貨	1,473,287.00	13.11	1,906,500.00	15.78

註：單位為新台幣千元　　資料來源：公開資訊觀測站　　整理：羅仲良

圖3 英誌2008年第1季起由盈轉虧
——英誌（已更名）獲利能力分析

季別	營業收入	營業成本	營業毛利	毛利率	營業利益	營益率	業外收支	稅前淨利	稅後淨利
98.1Q	4	16	-12	-294.05%	-95	-2,422.85%	-198	-293	-274
97.4Q	48	73	-25	-52.53%	-106	-221.53%	-1,088	-1,194	-1,122
97.3Q	466	432	34	7.33%	-5	-0.99%	-859	-863	-861
97.2Q	1,533	1,344	190	12.38%	85	5.51%	-270	-186	-201
97.1Q	1,569	1,400	169	10.76%	64	4.08%	-227	-163	-158
96.4Q	2,206	2,240	34	1.56%	237	10.74%	155	-82	5
96.3Q						6.41%	-35	110	85
96.2Q						1.14%	24	49	36
96.1Q						4.65%	-81	25	6

> 2008年（民國97年）第1季營收15億6,900萬元，由盈轉虧；2008年第3季營收僅剩4億6,600萬元，虧損擴大至8億6,100萬元

註：單位為新台幣百萬元　　資料來源：MoneyDJ 網站　　整理：羅仲良

面對這波跌勢時，自己的心情好多了）！

　　2008 年 9 月 15 日這一天和我的放空戰無關，而是美國的雷曼兄弟公司宣布倒閉，這就像是在全球金融界的一顆核子彈爆炸了。唉！我的兩個客戶也因為有買雷曼兄弟的連動債而被掃到（本書後面會再談到這件事，詳見附錄 2）。

止跌後繼續增加空單，股價卻突然飆漲

　　9 月 19 日這一天，大盤大漲，期貨也漲停板，原本暴跌到 2.07 元的力特也止住跌停走勢，當日曾衝到 2.3 元，不過最後還是跌 0.14 元，收在 2.08 元。於是我在當天趁著有平盤以上可放空的機會，在平盤 2.22 元附近再加空力特 100 張，1.55 元加空英誌 30 張，2 元加空樂士 50 張。此外還新空了 1 檔佳必琪（6197），43.9 元空了 5 張（之前在它 70 幾元要空沒空到後，迅速暴跌到 40 元，所以跌停一打開就趕緊空）。

　　此時自己所持的空單部位共有力特 300 張、樂士 100 張、英誌 80 張和佳必琪 5 張。放空的部位雖然更多了，但接下來迎接我的股價走勢，已經不再是先前那個極速下降的大怒神，而是 4 部台北 101 大樓高速向上的電梯，漲勢凌厲到讓我的心跳快破表！

　　9 月 22 日，我庫存的空單「F4」──力特、樂士、英誌和佳必琪，同步鎖漲停。這天再加空英誌 20 張，佳必琪 5 張，合計此時所擁有的空單：力特 300 張、樂士 100 張、英誌 100 張以及佳必琪 10 張。這一天因為「F4」同時漲停，原本 30 幾萬元的獲利剩下 20 多萬元，還可以承受 2 根漲停後才開始虧。當下

雖然自己知道這是很可能會來的反彈，而且也才被咬回 1 根漲停板，還要再漲 2 根漲停板才開始虧，加上也還有保留資金後援，但心裡的恐懼依舊是被點燃了……。

連續3天漲停見虧損，利用融資鎖單避險

隔日（9月23日）力特、樂士、英誌和佳必琪這4檔F4又同步鎖漲停。哇咧！還真強！9月24日，F4再強鎖第 3 根漲停，哇！開始小虧了！而且當初自己兵分好幾路，就是冀望能分散放空標的反彈風險，結果竟然連續 3 天 4 檔持股都同步鎖漲停，有分散跟沒分散一樣。既然已經開始虧錢了，不能再坐視不管，放任漲勢持續。

由於台股要平盤以上才能放空，實在捨不得就這麼平掉我的空單部位（擔心一旦平掉了不見得能重新再布回來）。於是想到可以用「融資鎖單」：用融資買進放空的標的，一來可以鎖住風險，二來也不用平掉空單部位；等到覺得安全了再賣掉融資買進的部位留下淨空單，這樣即使是平盤以下，也可以賣掉鎖單的融資部位，就等於像是在盤下放空。

9月25日，第 4 根漲停又來了，唯一慶幸是佳必琪爆量後沒鎖漲停，不過另外 3 檔還是很強勢地鎖了起來。但這天因為有用到「融資鎖單」，且經過鎖單後知道被軋死的機率更小，心情也好很多，當時鎖單後的庫存如表 1。

9月26日，樂士、英誌、力特同步爆量打開第 5 根漲停，想說反彈大概隨著爆量結束了，所以我就把資買鎖單的部位賣出，只留淨空單在手。

表1 2008年9月24日融資鎖單後庫存

股名	資買張數	券賣張數
樂　士（1529）	18	100
英　誌（已更名）	80	100
力　特（3051）	180	300
佳必琪（6197）	0	10

整理：羅仲良

9月30日（29日休市一天）當天力特跌停，自己心想：「反彈果然結束，終於等到跌勢重啟了，耶！」

另外，當天晚上金管會宣布，10月1日到14日期間，全面禁空同時禁止當沖（手上的空單變得更珍貴了）。

金管會發布禁空令，再度慘遭軋空

10月1日，禁空令開始的第1天，前一天的跌停讓我以為反彈結束，力特將重啟跌勢，結果卻來了個回馬槍，力特又漲停了！這天英誌小跌，但佳必琪和樂士也跟著強鎖漲停！此時只好在心裡安慰自己，這大概是空單暫時被政府大動作打擊空方的行動嚇到而回補，應該不會持續太久。

10月2日，佳必琪再漲停鎖住51.7元，力特鎖住2.88元，英誌鎖漲停1.66

元，只有樂士沒漲停但也漲了快 3% 至 2.72 元。這天我決定縮小戰線，先平掉樂士的 100 張空單，準備多留點現金打後面的仗；同時資買鎖單英誌空單 100 張。以下是 10 月 2 日我在「操作日誌」裡的紀錄：

又是個意外的一天。原本心裡想，這是被嚇到的空單在做回補動作，但依照今天佳必琪又漲停鎖住 51.7 元，力特也漲停鎖住在 2.88 元來看，這應該是主力策動的軋空。望著被鎖死的佳必琪和力特，心中有點後悔，昨天應該做避險的。昨日英誌爆 8,000 多張跌停打開，今日一直在平盤之上，感覺到它好像又快漲停，於是在 1.65 元就趕快鎖單 100 張，成交之後，果然有大單敲進，並且鎖住漲停板。

今日心理壓力很大，加上眼睛整天盯著電腦很不舒服，而主力的連續逼空更是雪上加霜，讓我覺得十分痛苦。算一算樂士在今日為止總共小賠 1 萬元左右，因此先將它平倉，以便預留更多的預備金來打這漫長的一戰。力特 9 月底提前發 10 月 5 日的薪水，所以明天預計鎖單 100 張～150 張不全鎖，看看有什麼事會發生？如果有事發生就賺一半，萬一錯的話下週一再繼續鎖單。佳必琪即將遇到大量區，明天也先鎖 5 成～8 成。

目前對我最不利的狀況就是佳必琪、力特一直軋漲停上去。我想也許抬轎的主力是想趁這陣子不准放空，就死命地軋我們這些跟轎的，好為日後布空做準備。總之現在的策略就是跟它拖時間；英誌和力特只要拖完 10 月、11 月資金耗盡應該就會完蛋，最長還要撐 2 個月！要小心、要有耐心和韌性跟主力再玩 2 個月的遊戲。唉！真是快被主力玩死了！（目前約賠 10 萬元！）部位約 130 萬元，預備金 70 萬元。

　　現在是 10 月 2 日晚上 8 點 40 分，打開電腦看到英誌於晚上 7 點多的公告：子公司震營公司跳票。當時我看到都快昏倒了！怎麼這麼倒楣，今天才資買鎖單的英誌，晚上就公告跳票。氣死我了！只有寄望多單明天能賣幾張是幾張了！

　　另外，力特公告：「董事黃振進辭任董事職務。」
　　這個傢伙持股有 4,460 張，直覺告訴我他應該是為了要賣股票而辭董事。

　　從以上的紀錄就知道我當時已經慌了，一樣是禁空令，隔了 1、2 天解讀就不一樣；一下以為是融券空單是被嚇到在做回補；一下以為這是主力策動的軋空。當時因為受到了不少驚嚇和害怕，讓我不由自主地胡思亂想。

　　後來由於力特與佳必琪的漲勢持續，礙於壓力只好再度縮小戰線——把佳必琪的空單部位先資買鎖單後（事後證明是鎖在最高點），過了幾天就資券互抵，釋放出更多的後備金，只留力特和英誌這 2 檔最有把握的空單。

　　後來總計力特這波的反彈直到 10 月 7 日才結束，從最低點 2.03 元反彈到最高點 3.52 元，僅僅 11 個營業日，股價就飆漲了 73%，將近 8 根漲停板（詳見圖 4）。

　　這 8 根漲停板軋到我心臟快無力，甚至有一天收完盤後，我坐在公司後門小公園的板凳上，一邊坐著休息一邊思考著：為何原本預計穩賺 160 萬～ 200 萬元的放空力特之戰，怎麼會搞到現在帳面上的虧損又再增加 20 萬～ 30 萬元？加上 8 月初第 1 次放空力特時的 60 萬元虧損，放空力特以來已經虧了近 100 萬元。我心裡痛苦地想著：「做股票要賺錢怎麼會這麼難呀！」

縮小戰線等待反彈結束，總計虧損20多萬

　　那天因為壓力實在太大，我做了一個很懦弱的舉動──忍不住打電話跟老婆說我最近賠了多少，而且情況可能會再壞下去！在電話中我告訴她：「我好怕！我真的好怕！」在以為鐵定大賺但現實卻變成大賠的挫折，與巨大的軋空壓力及恐懼之下，我因為很害怕這次又像華碩那次一樣，自己會再次受到致命的虧損而累及家人，我被壓力及恐懼逼到懦弱的哭了出來……。

圖4 第2度放空力特，11個交易日股價竟漲73%
──力特（3051）日線走勢圖及融券餘額

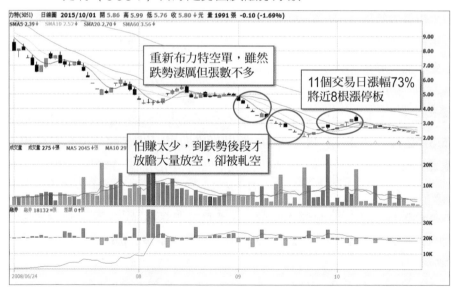

資料來源：XQ 全球贏家　整理：羅仲良

　　在被主力逼到絕境且孤立無援下，即使知道我已經把部分風險鎖單了，要把我軋死還要再往上拉個 10 幾根漲停。會發生這種情形的機率很小，只要我撐住力特這波反彈，之後一定會再往下跌。然而我就是感到害怕，害怕萬一那 10 幾根漲停真的出現；害怕當時力特的漲勢不是反彈而是回升。而且可能也不用再拉 10 幾根漲停，只要再拉個 4、5 根，自己的情緒防線應該就崩潰了，然後重演當初華碩慘敗時的戲碼——在情緒失控下平掉虧損的單子，並且逃離這一切。

　　當時的我於是硬著頭皮，抱著力特和英誌必死的信心，就這樣一下子融資鎖單、一下子又解掉，如此重複了好幾次，死撐活撐，總算度過這波反彈等到後來的跌勢。

　　11 月 14 日，力特盤中大單狂敲開跌停，我就在快打開跌停前的 1.22 元，火速平倉 300 張空單。後來英誌的空單 100 張也在 11 月 28 日 0.52 元時補掉，結束了這次力特的復仇之戰。

　　總計第 2 次出擊，樂士小虧 1 萬多元，英誌賺 10 幾萬元，佳必琪虧 10 幾萬元，力特賺約 40 幾萬元。8 月初放空力特以來，3 個半月的時間，合計以虧損約 20 萬元畫下句點。力特和英誌後來因為政府出面紓困——欠銀行的錢暫時不用還，才得以苟延殘喘，不然早就已經倒了，所以我的判斷完全正確。然而我最後不但沒賺錢反而是虧錢的，怎麼會這樣子？

　　我看準力特會掛掉而且也放空了，事實上它也真的有財務困難導致股價呈現大跌，但最後我卻是賠錢而且還被嚇到半死。這樣的情形正如我很喜歡的一本書——《作手——獨自來去天堂與地獄》，其中作者壽江所寫的幾段話類似：

價格預測只是市場交易這個萬里長征的第一步，而且並不是投機成敗最終的關鍵。

除了評估市場目前的狀態、計算盈虧比例、預測市場未來走勢之外，還有更為重要的問題需要考慮：入市倉位的大小，停損點的確定，贏利後什麼點位加碼，加多少量？加碼後情況不妙怎麼辦？市場出現意外狀況如何處理？贏利的目標在哪裡⋯⋯等等。

心得與檢討

❶**操作不只是選股而已**：正如結尾的《作手——獨自來去天堂與地獄》所講的幾句話，操作不只是選股而已，怎麼建倉、怎麼撤退、預留多少預備金等都需要考慮。我還有很多不足，很多要學的地方。

❷**爛股票不見得永遠弱勢**：即使是可能變地雷的爛股，當它要漲起來的時候也是很凌厲的，不見得會永遠都很弱勢。後來聽我認識的一位網友「王傑」大哥說：「久津（已下市，波蜜果菜汁生產商）在出事前也是先一路往上漲，狂軋空單後來才下跌。力特只是反彈幅度很大我就這麼慘了，如果當時我遇到的是久津，很有可能會因為堅信它是爛股而死守空單部位，最後反而被軋到死不瞑目。

❸**操作或情緒出錯，可能賺不到錢**：判斷正確但在操作、資金控管或情緒控管出錯，一樣還是賺不到錢。

第19站

巧遇貴人認識可轉債
賺增值也保本

2008年

發現攻守兼備的好商品：可轉換公司債不僅現股漲的時候可以像買現股一樣賺取價差，而現股跌的時候，卻又可以發揮它債券的特性，不跟著現股下跌（在債信 OK 的狀況下）。

　　2008 年我從仕欽（已下市）、歌林（已下市）、力特（3051）到英誌（2438，已更名翔耀）一路在做放空操作。放空這些股票時，我偶爾會上 e-stock 發財網看看這幾檔個股討論區裡的文章，並用「幕之內一步」的暱稱發表我的看法。期間遇到一件很巧的事，就是每次當我來到 e-stock 發財網這幾檔股票的討論區，都會看到一位網友「王傑」的文章。

　　瀏覽他的文章，可以感受到此人的專業，也知道這個人和我一樣看壞這幾檔股票，因此合理地懷疑他也有這些股票的空單；所以當時除了欣賞他的專業外，也就特別注意他的發言。

　　有一次看到「王傑」和另一位網友的對話，更是令我驚喜莫名。從對話中，我發現他竟然和我從事相同的工作，且狀況差不多；他也是在證券商裡當營業員，而且跟我一樣是個業績不好、常常被檢討的營業員。哈！真的是太巧了！放空相

同的股票、從事相同的工作、同時業績都不怎麼樣，兩人實在稱得上是同病相憐。

讓原本就對他有點欣賞的我，這下子心裡起了相見恨晚的感覺，動了很想結識他的念頭，於是就主動地寫信把我的一些資料留給他，希望能跟他交個朋友（這是我這輩子除了追女生之外，第 1 次對男生主動做這種事）。

可轉債兼具股票增值及債券保本特性

承蒙「王傑」大哥的不棄，後來雙方持續在網路世界上互動，他也不吝分享了一些操作經驗給我這個放空新手。彼此互動一陣子，結果發現他又有個和我相同的地方──當他在我同樣年齡時，也生了一對異卵雙胞胎，只是他的雙胞胎是 2 個男生，我的是 2 個女生。這種巧合真是讓人拍案叫絕！活得愈久，就能碰到愈多好玩的事！

在認識「王傑」大哥之前，我只是把可轉換公司債（Convertible Bond ，以下簡稱 CB）當作一間公司債信的指標之一，像是歌林（下市前代號 1606）在倒閉前，它的可轉債（代號 16062）就同步大跌，我完全沒想過要拿來交易獲利。但經過「王傑」大哥無私分享心得的「薰陶」之下，我才進一步地認識這個原本很陌生的金融商品，也才發現這個冷門金融商品的優點。

CB 不僅在現股漲的時候，可以像買現股一樣賺取價差，而現股跌的時候卻又可以發揮它債券的特性，不跟著現股下跌（在債信 OK 的狀況下）。此外也可以透過觀察 CB，用另一種角度去操作現貨，並臆測公司派的心態及操作動向。我從「王傑」大哥身上學到不少東西，受益匪淺，真的非常感恩。感謝他引領我進

入可轉換公司債的領域,從他身上學到的知識與智慧,我知道自己將會受用一輩子。

補充

所有我知道的 CB 知識,全部都是網友「王傑」教我的。他的本名叫王俊傑,是前國票證券九鼎分公司營業員、《今周刊》657 期報導的「可轉債達人」,目前是專業投資人。他並不是因為特別賞識我才教我 CB 操作,而是對很多向他求教的人,也都不吝將自己的壓箱絕技拿出來教人。多年來他簡直像是個摩門教的神職人員——奉 CB 之神的感召,在台灣(不知道有沒有教到海外去?)傳授他的 CB 操作技巧。

我當時會覺得「王傑」這個人很不可思議,怎麼會如此輕易地就把自己的獨門絕技,就這樣免費又熱情地拿出來教人。後來年紀漸長,我才慢慢體會到,不是每個人都是從金錢的角度在看事情,有的人就是會做些損己利人的事情,而且還做得很開心。這些人的金錢變少或其他地方損失了,但心靈上的喜悅或成就感卻增加了。

如果看了本書和 CB 相關的內容後,覺得對你有所幫助,請把所有的感謝之意全都歸諸這位「CB 王」王傑的身上吧!我從他身上所學到的,只是他 CB 專業的九牛一毛而已。希望有一天能看到王大哥出書,將他的知識與操作案例和大家分享,這樣全台灣投資人就有福了。

第20站 基本面差不見得可放空
小心遭主力玩弄

2009年3月初──佳必琪（6197）

市場用賠 50 萬元的鞭子狠抽犯賤的我：股價相對基本面再不合理的股票，當它在漲的時候也不要去放空它；你用「本益比」放空它，它就用「本夢比」軋死你。

　　2008 年 9 月初，我發現佳必琪（6197）融券異常地在增加，表示有特定人士在放空它。當時基於下列幾個理由判斷，如果跟著這些空單一起放空佳必琪應該會有利可圖。

1. 技術線圖是很標準的 M 頭，走勢有利空頭。
2. 基本面不佳（詳見圖 1），完全無法支撐當時 70 幾元的高價。
3. 融券異常增加，有特定人士在放空。
4. 全球正處金融風暴，大勢有利放空。
5. 有位投顧老師死命推薦佳必琪，我覺得這位投顧老師很奇怪，每次只要看電視轉台不小心看到他的節目，都見他只推薦這檔。由於這位投顧老師的異常行為，讓我自然而然地對他推薦的佳必琪產生戒心，覺得它不會是什麼好股。

　　後來的走勢證明我的判斷完全正確，佳必琪進行了一波慘烈的跌勢，但是我的

動作慢了一步！2008 年 9 月初，當我要放空時，已經沒有平盤以上的機會，只好就這麼眼睜睜地看著它從 9 月 5 日的 72 元，一路暴跌到 9 月 19 日的 40.9 元。等到空到它的時候，它剛好正在做一波強力的反彈而被軋。當時為了保留資金全力應付力特、英誌的軋空，於是就在賠了 10 幾萬元後停損出場。

兩度放空佳必琪皆看錯，共賠60多萬元

直到 2008 年 12 月力特之戰結束後，我又回頭去做佳必琪。因為當時我看到融券張數還沒減少，而且盤整的過程中券單還在持續增加，加上之前仕欽、歌林、力特和英誌的經驗，也都有融券異常增加結果後來大跌的情形。所以依照佳

圖1 **佳必琪2008年獲利表現差強人意**
——佳必琪（6197）損益年表

年	100	99	98	97	96	95	94	93
經常利益	-64	94	188	-10	424	439	157	313
停業部門損益	0	0	0	0	0	0	0	0
非常項目	0	0	0	0	0	0	0	0
累計影響數	0	0	0	0	0	0	0	0
本期稅後淨利	-64	94	188	-10	424	439	157	313
每股盈餘(元)	-0.38	0.58	1.28	-0.07	3.48	4.40	1.87	4.40
加權平均股本	1,677	1,622	1,475	1,473	1,218	998	838	711
當季特別股息負債	0	0	0	0	0	0	0	0

註：單位為新台幣百萬元　　資料來源：MoneyDJ 網站　　整理：羅仲良

必琪這麼爛的基本面,我斷定這次應該也是內線空單持續在布空,因而再度出手放空,準備等著賺一波之前沒賺到的暴跌行情。

但這次我看錯了,自己所期望出現的暴跌行情一直沒來,卻反而是上漲的。最後在2009年2月底~3月初時,將手上熬了3~4個月的虧損空單停損出場,這次我虧了快50萬元。佳必琪兩次出擊,兩戰皆敗,合計總共大虧約60多萬元結束(詳見圖2)。

圖2 半年期間,兩度放空佳必琪皆敗北
—— 佳必琪(6197)日線走勢圖及融券餘額

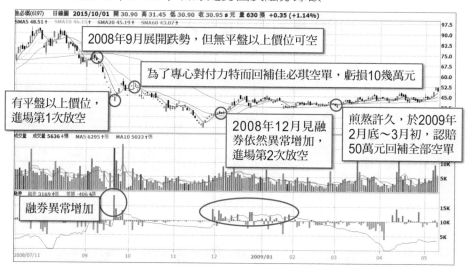

資料來源:XQ全球贏家　整理:羅仲良

心得與檢討

❶ **爛股票沒爆點，放空太危險**：其實在第 2 次放空沒多久，就和「王傑」大哥聊到有在做這檔佳必琪的空單。當時他説即使個股的基本面再爛，只要沒有「爆點」（快倒或大利空）存在，去做空都是件危險的事。僅僅是基本面爛，並不見得是個放空的好理由。當時的我理智上覺得他是對的，畢竟自己做股票也不是生手了，還滿常看到許多基本面爛的股票卻擁有不合理的高股價。

許多看這種股票不順眼而去放空的人，往往因為「股價不跌反漲」，到頭來不但沒賺到，反而手上的空單被軋得吱吱叫。但是實際上我沒有立即平掉我的部位，而是心存僥倖地抱著佳必琪的空單，等待有利於我的走勢出現。我只能説當時的我很犯賤，前輩用講的講不聽，我非要親自去試。最後賠了 50 萬元才學到這個經驗。

❷ **佳必琪獲利雖差，但對銀行為零負債**：仕欽、歌林、力特和英誌這些股票因為有財務問題，公司資金吃緊而在當時瀕臨倒閉。所以這些股票的內線主力，在正常狀況下都會一邊布空單一邊讓它們下跌，而不是持續在市場上買進。因為這些股票會面臨可能下市的問題，情勢逼主力們一定要這樣做才對他們最有利。

而佳必琪的狀況不一樣，雖然它的基本面不怎麼樣，但是財務體質好，短期間之內不可能會倒掉。這樣的話它的主力就有比較大的操作空間——不是一定只能讓它跌，也可以選擇讓它漲。由下圖的資產負債表可知，佳必琪雖然獲利差，但財務上卻是零負債（對銀行）的狀況。

期別	100	99	98	97	96	95	94	93
預收款項	6	13	23	19	23	18	11	19
其他應付款	0	0	0	0	0	0	0	0
應付所得稅	16	29	15	37	39	46		
一年內到期長期負債				0	0	44	279	529
其他流動負債					34	26	20	5
流動負債	758	831	787	716	1,446	1,102	1,351	1,175
長期負債	274	0	0	0	0	0	0	0

看空佳必琪的2008年，公司並無長期負債，另經查詢可知短期借款也為0

註：單位為新台幣百萬元　　資料來源：MoneyDJ 網站　　整理：羅仲良

當時覺得電視上那位喊進佳必琪的投顧老師看起來好像言之無物，也覺得主力用這麼明目張膽的方式叫進佳必琪實在太拙劣了。但其實真正兩光又愚蠢的人，是自作聰明的我；以為佳必琪基本面不佳、融券又居高不下就一定會下跌。

佳必琪的主力根本不必在意別人看了這麼明目張膽又看似拙劣的叫進方式後，是真的要按照投顧老師的推薦去買進？還是看不順眼而去放空它？反正，到時再看情勢是有利他做空還是有利他做多，再選擇合適的操作方式。主力在意的是「愈多人參與佳必琪的交易就好」；只要佳必琪交易的人夠多，成交量夠大，主力不用自己跟自己玩，就自然有辦法可以從佳必琪身上賺到錢，反正玩弄散戶本來就是股市主力們的專長。

雖然自己賠了不少，但還好懂得停損，不然會被佳必琪後面的漲勢軋到死。股價相對基本面再不合理的股票，當它在漲的時候也不要去放空它；你用「本益比」放空它，它就用「本夢比」軋死你（「本夢比」一詞，是人們戲稱「盲目的投資行為」──完全忽略股價與獲利之間的關係，而是以夢想的大小來決定股價，與公司獲利與否沒有相關。本夢比並非財務上的指標，因此沒有公式，且夢想的大小難以量化，所以也不能計算出實際的數字）。

❸不是融券異常增加就適合做放空操作：原因如下：

第 1：那些空單有可能是因為現金增資、私募、發行 ECB（海外可轉換公司債）、除權息、可轉債申請轉換等等這類原因才放的；這種空單純粹是為了避險而放空，並非真的看空那檔股票才放空的。

第 2：也可能是像佳必琪這種主力只是做個短期的空單，雖然基本面不好、融券又多，但因為沒有爆點加上財務體質佳，結果股價後來反而是上漲的。

第 3：像科風（3043）這種股票，2011 年的股利一直發不出來，去查它的歷史公告也出現如：貨物被假扣押、財報有問題要重編等等負面訊息。科風不但所處的太陽能產業狀況不好，本身的財務體質和獲利都很差，一看就知道它已經很危險了。只是它雖然狀況不好卻一時死不了，2012 年 1 月～2 月時融券暴增，卻反而被軋空了約 80%。

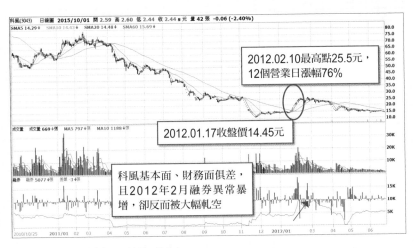

科風(3043)　日線圖　2015/10/01　開 2.59　高 2.60　低 2.44　收 2.44 s 元　量 42 張　-0.06 (-2.40%)

2012.02.10最高點25.5元，
12個營業日漲幅76%

2012.01.17收盤價14.45元

科風基本面、財務面俱差，
且2012年2月融券異常暴
增，卻反而被大幅軋空

資料來源：XQ 全球贏家　　整理：羅仲良

第21站 靈活操作可轉債
確保低風險高報酬

2009年3月初
第 1 次操作可轉換公司債：一個有高報酬但也伴隨著高風險的機會，根本不能算是一個好機會；真正的好機會應該是要「低風險但卻擁有高報酬」。

我剛開始進入股市時認為，財經專家說的「高風險高報酬、低風險低報酬」的道理是天經地義。我一直對這種「富貴險中求」的觀念深信不疑，認為要賺錢就是要冒高風險才有機會賺大錢，後來我才知道那根本就是大錯特錯的觀念。一個有高報酬但是也伴隨著高風險的機會，根本不能算是一個好機會；真正的好機會，應該是要「低風險但卻擁有高報酬」。

「低風險高報酬」的操作機會不時會出現在市場裡，一個操作者可以透過自身的專業、經驗或是努力，去看出這種別人看不到的好機會。但我卻從來沒想過，這世上竟然存在著「零風險高報酬」的操作機會──無論如何都會賺，只是「看對大賺、看錯小賺」而已；而這種機會就出現在「可轉換公司債（Convertible Bond，以下簡稱 CB）」這項商品。

簡單來說，CB 是一種公司債券附帶一個換股選擇權，該權利可以在特定時間，

依照債券契約規定以一定的轉換比例，轉換成該公司的普通股股票。當你買進一檔 CB，申請轉換成股票後賣出或是直接在市場上賣出 CB，若所得金額高於你買進 CB 的成本，就能像買賣一般股票一樣賺到價差。如果不換成股票，則可以像債券一樣，依債券契約上的規定拿回本金，並賺到公司給的債息，或至少拿回本金。

在台灣，CB 的發行面額通常為新台幣 10 萬元，相當於股價 100 元，在市場上的買賣方式就跟股票一樣。CB 的交易代號，就是該公司股票代號再加上數字，例如「億光六」代表億光（2393）第 6 次發行的 CB，它的交易代號就是「23936」。

2009年3月訊聯股價偏高，CB較股票更具投資價值

我因為「王傑」大哥的關係學習到 CB 操作（詳見第 19 站）。之後於 2009 年 3 月找尋 CB 的交易機會時，發現了訊聯一（17841）這檔標的。當時訊聯（1784）股價才剛從 30 幾元開始狂飆，一路漲到 50 幾元來到接近 60 元。

如果去查訊聯的獲利，可知它當時的每股盈餘（EPS）大約只在 1 元～ 2 元左右而已（詳見圖 1）。這種本益比約 30 倍的股票，雖然它的股價趨勢向上，線型也是多頭排列（詳見圖 2），但我無論如何還是不會想去買它；即便它再怎麼會飆，對我而言一點吸引力也沒有。

但是它當時的 CB 訊聯一對我來說就完全不同，極具操作價值，那時價位約在 100 元附近（詳見圖 3）。當時訊聯一的轉換價在 59.9 元，等於 1 張訊聯一

圖1 訊聯2005年～2008年每年稅後每股盈餘約1～2元
——訊聯（1784）歷史績效表

年度	100	99	98	97	96	95	94	93	92	91	90	89
加權平均股本	5	4	4	3	3	2	2	2	2	1	1	0
營業收入	5.3	4.6	5.7	5.3	4.3	3.2	2.6	2.2	1.6	0.9	0.3	0.0
稅前盈餘	0.3	-0.3	1.1	0.7	0.7	0.2	0.1	0.0	-0.4	0.1	-0.1	-0.1
稅後純益	0.2	-0.4	1.0	0.6	0.6	0.2	0.2	0.1	-0.2	0.1	-0.1	-0.1
每股營收(元)	10.8	10.0	13.2	16.7	13.9	12.8	15.8	11.9	10.7	5.8	3.2	0.0
稅前EPS	0.6	-0.7	2.7	2.2	2.7	1.0	0.8	0.3	-2.6	0.8	-1.0	-1.7
稅後EPS	0.5	-0.9	2.6	1.8	2.2	0.8	1.0	0.4	-1.6	0.7	-0.6	-1.3

獲利水準約1～2元

註：單位為新台幣億元　　資料來源：XQ全球贏家　　整理：羅仲良

可以轉換成 1.669 張訊聯的股票（算法為：面額 10 萬元／轉換價 59.9 元＝
1,669 股＝ 1.669 張股票）。

狀況模擬1》買進訊聯一，訊聯股價漲過轉換價，可賺到價差

當時訊聯一最近一次可執行賣回權利的日期，是在 1 年後的 2010 年 3 月 18
日，到時可以用 104.57 元的價位賣回給訊聯。也就是說當時假設我用 100.6
元的價格買進訊聯一，如果訊聯股價漲超過 59.9 元，假設漲到 70 元好了，1
張訊聯一因為可以換成 1.669 張訊聯的股票，所以 1 張訊聯一的價值會提升到
70 元 ×1.669 張 ×1,000 股＝ 11 萬 6,830 元，因此訊聯一也會跟著訊聯

圖2 2009年3月訊聯起漲，均線多頭排列
—— 訊聯（1784）日線走勢圖

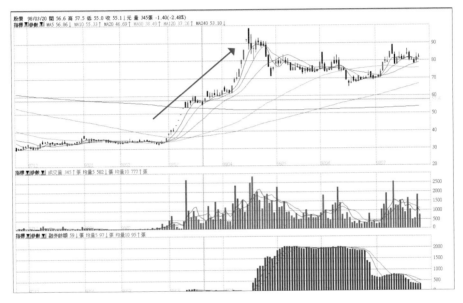

資料來源：MoneyDJ 網站　　整理：羅仲良

的股價連動跟著一起漲。於是我可以選擇直接在市場上賣掉我的訊聯一，或者是先去申請轉換成訊聯股票後，等股票匯入集保戶頭再賣掉我的持股，賺到我想賺的「價差」。

狀況模擬2》**買進訊聯一，訊聯股價跌破轉換價，可賺債券利息**

但如果訊聯的股價不如預期，是在盤整甚至向下跌破 59.9 元，假設跌到 40

圖3　2009年3月訊聯一股價約100元
——訊聯一（17841）基本資訊、日線走勢圖

債券名稱	發行日期	到期日期	最近一次 賣回權日期	最近一次 賣回權價格
訊聯一 （17841）	2008.03.18	2013.03.18	2010.03.18	104.57元

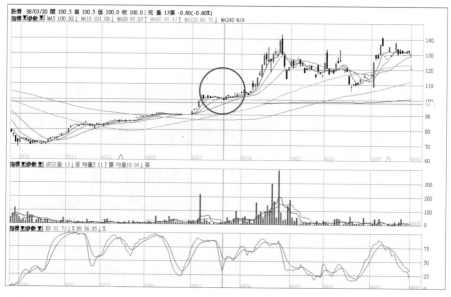

資料來源：公開資訊觀測站、MoneyDJ 網站　　整理：羅仲良

元，那我的訊聯一如果換成股票，市值會變成「40元 ×1.669張 ×1,000股
＝6萬6,760元」，這樣比我的買進成本100.6元（市值10萬600元）還低，
要是換成股票賣我會虧錢。

因此，我可以不轉換，並且等待 1 年後用 104.57 元執行賣回權，將訊聯一賣回給訊聯，這樣在不考慮手續費的情況下，還可以賺「（104.57 元－100.6 元）×1,000 股＝ 3,970 元」，約 3.9% 的「利息」。

當然前提是，訊聯這一年之內不會倒閉，否則不要說是價差，我連利息也沒得賺，甚至還會虧到本金，所以需要去考慮訊聯的營運和財務狀況。

確認獲利與償債能力無虞，順利投資訊聯CB獲利

而從訊聯的獲利狀況得知，它當時雖然獲利不算很高，但至少一直都保持賺錢的狀態，EPS 多少也有 1 元～ 2 元，且當時訊聯的營收狀況很正常，財務體質也很 OK（詳見圖 4）。根據那時最新的 2008 年第 3 季財報，帳上現金餘額 2 億 8,400 萬元，沒有短期借款，長期借款也很低，只有 3,600 多萬元，而應付公司債（訊聯一）餘額有 2 億 5,900 萬元。

由於訊聯當時是賺錢的，預計它在 2009 年 3 月帳上的現金就算不增加，也不會少很多。所以訊聯即使不處分其他資產，甚至也不考慮當年度的獲利情況，光是現金就足夠支付剩下的公司債。如果訊聯股價提高且超過 59.9 元，會吸引持有人換成股票，那就連還都不用還。

因此在考慮訊聯營運狀況穩定、現金充足，幾乎是零借款（對銀行）的良好財務體質下，訊聯一幾乎是無論如何 1 年後都不會發生付不出錢的狀況。而且就算訊聯真的 1 年內倒閉，也可以去處分它的資產；訊聯的債務很低，公司債又可以優先償還，所以買了訊聯一，即使情況再糟也不會傷到本金。

圖4　訊聯償債能力佳
—— 訊聯（1784）財務比率合併年表

期別	100	99	98	97	96
總資產成長率	30.05	-2.27	27.71	46.11	N/A
淨值成長率	43.12	-0.81	82.	代表短期償債能力的流、速動比率，以及代表長期償債能力的利息保障倍數都不錯	
固定資產成長率	1.87	2.30	-32.		
償債能力					
流動比率	538.28	363.61	399.36	450.55	328.57
速動比率	497.37	341.88	370.16	417.71	296.15
負債比率	28.20	34.76	35.72	55.09	41.38
利息保障倍數	32.37	-27.92	348.94	36.22	N/A

註：單位為%　　資料來源：MoneyDJ 網站　　整理：羅仲良

　　當時我判斷訊聯一是個「零風險但卻可能有高報酬」的標的，於是就進場買進。只是以前從未交易過 CB，那次是我第 1 次購買，所以只在 100 元附近買了 1 張訊聯一試試看。後來訊聯從 60 元附近在 1 個月不到的時間內狂飆 50%，漲到 90 元附近；訊聯一也同步漲逾 40%，最高到 140 幾元。

　　我現在已經不記得自己當時到底賺了多少錢，總之那張訊聯一我應該只賺了不到 2 萬元。但是那一點點的獲利對我來說卻別具意義，因為那是我第 1 次在操作之前就知道：「這個操作一定不會虧錢，我最大的風險就只是賺得少一點而已。」

單純買進CB做多，留意4大事項

　　CB 的交易策略有好幾種，此篇屬於「單純買進 CB 做多」的操作方式。此策略有其優點，但也不是隨便買，隨便賺，以下整理出此策略注意事項補充與操作方式建議：

1.手續費比股票省，且免課證交稅

　　CB 的交易手續費是成交金額的千分之 1，比股票手續費的千分之 1.425 便宜（網路下單一樣可以打折），而且免課千分之 3 的證券交易稅，以目前的證所稅規定，有所得也可以免課稅。

　　以 2011 年 10 月～ 11 月我買賣光群三（24613）為例，我一共付出 1,424 元的手續費（退佣前，詳見圖 5）。如果是股票交易的話，我大概要付出 2,034 元（退佣前）的手續費，外加 2,247 元的交易稅，合計共 4,281 元的交易成本。也就是這次 CB 的交易成本比股票的交易成本足足節省了約 67%。

2.CB並不是隨時都可換成股票

　　像是在股票「停止過戶期間」（如開股東會前和除權息前），CB 是不能轉換成股票的。所以這段時間如果股票漲超過轉換價，CB 雖然也會跟著現股連動往上漲，但 CB 的漲幅可能只有股票漲幅的 8 成或甚至 8 成不到；要等到停止過戶期間快結束了，這種差異才會逐漸收斂。CB 相關轉換期間的規定，可以從「債券發行資料」裡面去查詢那檔 CB 當初的發行辦法內容。

3.最佳買進時機：股價在轉換價格附近，CB價格同時在發行價100元附近

CB 的優勢是漲的時候可以跟著股票一起漲，跌的時候如果是在轉換價格下，卻不見得會和股票一起跌。

所以用「單純買進 CB 做多」這個操作方式，最大的威力是出現在股票價格在轉換價格附近，同時 CB 價格也在發行價 100 元附近時買進最好。因為此時如果買進的是一間債信優良的 CB，其上漲潛力無窮，但是跌幅卻很有限。

反之，如果股票價格離轉換價格很遠的話，那還不如去買股票；因為股票的流動性還比 CB 好很多，這時反而變成沒有發揮出 CB 的優勢。

以訊聯一為例：於訊聯股價在轉換價 59.9 元附近、訊聯一在 100 元附近時買進最好。但如果在訊聯 80 元～ 90 元，訊聯一為 130 元～ 140 元時買進，雖然買進訊聯股票可能下跌幅度有 100%，訊聯一則頂多從 140 元摔跌至 100 元附近，可能的風險大約只有 28%，明顯比買股票的風險低，但這還是屬於一個有風險的操作，而不是低風險甚至是零風險的操作。

4.最大風險是公司倒閉，投資人仍須仔細評估基本面及財務體質

單純買進 CB 做多這個操作方式而言，最怕碰到公司會倒閉無法全額還款的狀況。所以操作者除了要有基本的財報解讀能力，也要做功課並對一些危險訊號有警戒心。要能夠判斷這間公司的財務體質是好還是壞？評估這間公司和負責人的誠信度如何？有沒有什麼不尋常的狀況？如更換會計師事務所、稽核或財會主管離職、高層離職……等等，以防止該公司所提供的財報資料是假的而誤判。

圖5 投資CB交易成本比股票來得低
——投資CB的交易手續費及稅金

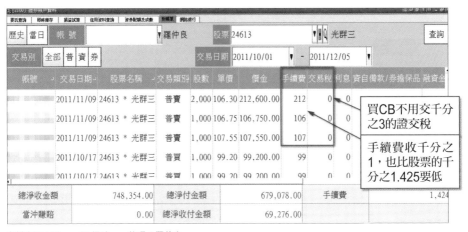

帳號	交易日期	股票名稱	交易類別	股數	單價	價金	手續費	交易稅	利息	資自備款/券擔保品	融資金
	2011/11/09	24613 * 光群三	普賣	2,000	106.30	212,600.00	212	0	0		
	2011/11/09	24613 * 光群三	普賣	1,000	106.75	106,750.00	106	0	0		
	2011/11/09	24613 * 光群三	普賣	1,000	107.55	107,550.00	107	0	0		
	2011/10/17	24613 * 光群三	普買	1,000	99.20	99,200.00	99	0	0		
	2011/10/17	24613 * 光群三	普買	1,000	99.20	99,200.00	99	0	0		
總淨收金額	748,354.00	總淨付金額				679,078.00	手續費				1,424
當沖賺賠	0.00	總淨收付金額				69,276.00					

買CB不用交千分之3的證交稅

手續費收千分之1，也比股票的千分之1.425要低

資料來源：MoneyDJ 網站　　整理：羅仲良

補充

查詢市場上可轉換公司債相關資訊

步驟 1 到「證券櫃檯買賣中心」網站（www.tpex.org.tw/web/），點選「債券」→「交易資訊」→「轉（交）換債統計報表」→「日統計」。

步驟 2 選「轉換公司債資訊看板」，並選擇欲查詢日期，即可下載 Excel 檔，查詢市場上可轉換公司債相關資訊。

步驟 3 找到有興趣的可轉債後，即可到公開資訊觀測站（mops.twse.com.tw/）→「債券」→「轉（交）換公司債與附認股權公司債」→「歷史資料查詢（未含最近 3 個月資料）」或「最近 3 個月現況查詢」。

假設想查詢中工（2515）的 CB，則於第 1 項輸入可轉債代號（起訖都要輸入），或於第 2 項輸入股票代號（起訖都要輸入），再到頁面最下方點選「確定」。

步驟 4 接著就會出現符合條件的查詢結果，點選公司股票代號後，即可於「債券基本資料」查看該檔可轉債的發行資訊，例如我們可看到中工二（25152）是在 2019 年 2 月 25 日到期，下一次可把 CB 賣回給中工的賣回權日期是 2017 年 2 月 25 日，可用 104.5678 元賣回。另外，若想看過去轉換價格的變動，則點選「轉（交）換債轉（交）換價格」即可查詢。

					上個月	下個月					
公司代號	債券種類	公司名稱	債券代碼	債券簡稱	發行日期	票面利率	到期日期	債券期別	券別	發行總額	月底餘額
2515	轉(交)換公司債	中華工程	25152	中工二	103/02/25	0.000000	108/02/25	103_2		500,000,000	500,000,000
合計									共1券	500,000,000	500,000,000

公司代號：2515 中華工程　債券代碼：25152 中工二 103_2期

債券基本資料 ‖ 交易資訊查詢 ‖ 債券訊息市場公告 ‖ 債息對照表 ‖ 公開說明書 ‖ 發行及轉換辦法 ‖
轉(交)換債轉(交)換價格 ‖ 轉(交)換債轉換變動情形一覽表

中華工程 之轉(交)換公司債發行資料

債券期別：第 103_2 期　券	募集方式：委託承銷商公開銷售
申請日期：102/09/27	核准日期：102/10/16
發行日期：103/02/25	發行期限：5年 0 個月
到期日期：108/02/25	下櫃日期：
公司決議私募有價證券股東會或董事會日期：	
債券掛牌情形：上櫃	掛牌/發行地點：中華民國
掛牌日期：103/02/25	發行幣別：新台幣　發行日匯率：0.0000
債券代碼：25152	債券簡稱：中工二

擔保情形：無，第一順位	
還本敘述：到期一次還本	
債券賣回權條件：發行及轉換辦法第二十條	
賣回權收益率：1.5000%	
債券買回權條件：發行及轉換辦法第十九條	
買回權收益率：0.0000%	
下一次賣回權日期：106/02/25	下一次賣回權價格：104.5678%

資料來源：櫃買中心　整理：羅仲良

PART

3

漸入佳境的
股市學習之路

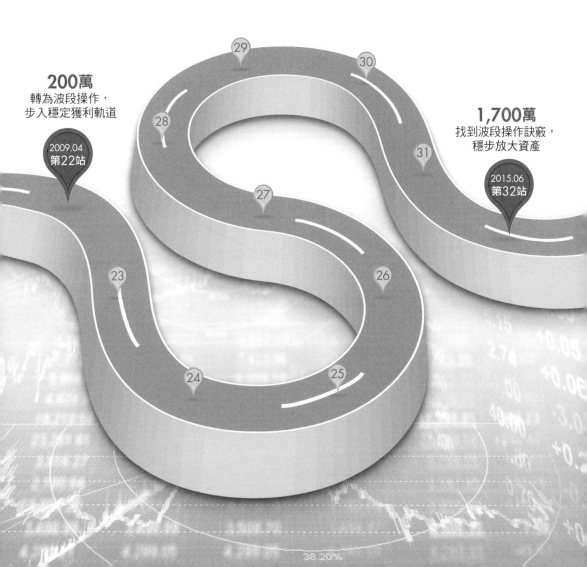

200萬
轉為波段操作，
步入穩定獲利軌道

29

30

28

2009.04
第22站

31

1,700萬
找到波段操作訣竅，
穩步放大資產

2015.06
第32站

27

23

26

24

25

38.20%

第22站

考驗持股信心
長抱佳格獲利210萬

2009年4月底～2010年5月──佳格（1227）
持續學習與成長：成功使人驕傲，失敗使人自卑；不斷地重複成功和
失敗的過程，能使人不斷地成長，進而不卑不亢。

　　2009 年初，我觀察到大盤自 2008 年 11 月 21 日創下最低點 3,955 點後
就沒再破新的低點，一直在 3,955 點～ 4,800 點這個約 850 點的區間內震盪
盤整。有些個股看似已經盤出一個堅實的底部，開始向上漲，於是自己抱著佳必
琪（6197）這檔虧損空單的同時，也開始買進一些股票。

　　當時做多的股票不少，包括宏全（9939）、前鼎（4908）、聚陽（1477）、
撼訊（6150）、聯鈞（3450）等等。其中大部分的股票，純粹只是看到該股
的技術線型、量價和籌碼等因素適合做多而買進，由於對該股票的基本面了解不
夠透澈，導致我的持股信心不足。

　　加上前陣子放空力特（3051）、佳必琪連續吃敗仗賠錢，中間又被主力玩到
我神經緊繃，長時間處於高壓力狀態，到了 2009 年初，整個人已經是「心理上」
疲憊不堪、不成人形。於是「持股信心不足」＋「驚弓之鳥」＝「抱不住」，每

檔股票我都抱不住，最後小賺小賠出場。

布局》2009年上半年分批投入8成資金

2009 年 3 月，我觀察到大盤在經過 2 個半月密集的盤整之後，仍然沒有跌破低點 3,955 點，甚至在股價均線出現糾結之後開始往上漲，線型開始呈現多頭排列。

當時我踏入股市已經第 9 年了，可能因為看了太多的「投資」書籍，讓我腦中只有「選股、選股、選股」；始終把選股當成王道，而忽略了研判大盤趨勢轉折。常常大盤趨勢發生轉折時，自己都是不知不覺，要等到趨勢已經展開一陣子，才發現大盤已經由空轉多或由多轉空，此時早已受傷或錯過最佳進場時機。

然而在 2009 年 3 月，或許是我運氣好恰巧猜對，又或許是看了數萬次的 K 線圖加上過去幾年的戰鬥經驗，自己踏入股市後第 1 次在多頭市場開始的初期有了 Fu（感覺）——意識到一段多頭行情可能已經展開。

當時在找可以下手的標的時，我發現佳格（1227）的股價走勢，剛突破一個密集的盤整區間後穩健上漲，正在 23.5 元～ 25 元的小區間平台做整理，線型呈現多頭排列。再簡單看一下它的財報，零負債、毛利率百分之 40 幾，2008 年前 3 季每股稅後盈餘（EPS）2.2 元，其中 2008 年第 1 季本業就賺了快 1 元，加上認列子公司獲利單季 EPS 約 1 元出頭。2008 年第 2、3 季則因為金融風暴的關係，讓本業、業外獲利逐步下滑，第 2 季 EPS 為 0.75 元、第 3 季 EPS 為 0.45 元。

佳格最吸引我的是它的產品線──「桂格系列」產品：桂格燕麥片及奶粉、得意的一天食用油、曼陀珠、天地合補四物飲等等，都是一些生活中常見的知名食品。

孤陋寡聞的我，一直到 2009 年 3 月才知道，原來上述這些耳熟能詳的食品品牌，是台股的上市公司佳格在賣的。對佳格做簡單的了解後，以往從書中看到傳奇基金經理人──彼得·林區（Peter Lynch）的「生活中選股」，和股神巴菲特（Warren Buffett）的「價值型投資」等選股邏輯，就這樣突然地浮現在我的腦中。

2009年初，發現佳格股價合理便酌量進場

當時佳格 2008 年年報雖然還沒公布，但 2008 年 12 月、2009 年 1 月的單月營收和 2008 年第 4 季的季營收都創下歷史新高。以如此亮麗的營收看來，2008 年佳格全年 EPS 應該有機會到 2.5 元～ 3 元的水準。2009 年隨著景氣較為回穩（EPS 超過 3 元的機會應該很大），自己評估 2008 年第 4 季即使不賺，約 24 元附近買進，風險也不大，以及 2009 年獲利又有機會更上層樓的情況下，於是在 24 元～ 25 元先投入約 2 成的資金，開始了對佳格的投資（結果 2008 年第 4 季後來居然還真的是令人傻眼的沒賺錢）。

2009 年 3 月底先開了第 1 槍，用 2 成資金買進佳格後，我開始「瞄準」，做更仔細的研究。佳格什麼都好，台灣的本業好、零負債、毛利高、有品牌、創造現金能力強、董監持股超過 5 成，同時 3 大法人及融資持股少，籌碼相當集中。但佳格有個唯一的敗筆，中國上海佳格的自有品牌「多力」連年虧損。雖然我預期 2009 年隨著景氣回穩，佳格在台灣的獲利會增長且在中國的虧損會減少，

但是自己還不敢重壓，只敢先投入 2 成的資金。

決定繼續重壓前，先仔細研究佳格中國品牌

當時我對「多力」這個品牌非常陌生，到佳格官網瀏覽才開始認識它，logo 是一個穿著藍衣服的中國超人舉起大拇指。多力給我的第一印象是，這個 logo 真是有夠俗，看起來「俗擱有力」，難怪叫多力！

而在台灣的網站，幾乎完全沒有關於上海佳格或多力品牌的介紹，即使是佳格的官網，相關介紹也很有限。所以只好用奇摩和 Google 搜尋關鍵字：「多力」或是「上海佳格」，於是查到了上海佳格的官網（www.stdfood.com.cn／）和一些中國關於食用油行業的專業網站，像是「中國食用油網」（www.oilcn. com／）等等。這些網站讓我對「多力」這個品牌，以及中國食用油產業開始有所了解。而最後讓我決定重壓佳格，是因為看到中國食用油達人的部落格：「在路上」（eyu2007.blogbus.com／）。

經營這個部落格的版主叫「余盛」，是中國食用油第 1 品牌「金龍魚」的幹部，裡面寫了很多他對於中國食用油產業和品牌的看法。在一篇篇看過這位版主的文章後，讓我對中國食用油產業和品牌的現況愈來愈了解；尤其是當我看完這篇「集中優勢、穩紮穩打——論『多力』食用油的行銷策略」（eyu2007.blogbus. com/logs/4366634.html）的文章後，開始對上海佳格的「多力」品牌信心大增。

於是經過一陣子研究佳格財報、台灣現況、中國食用油產業和上海佳格的「多力」後，我得到以下幾個重要的結論：

1. 中高端食用油具成長空間

中國當時主要的食用油為沙拉油、菜籽油、棕櫚油和花生油等口味較重的油種，市占率近 9 成。其他包括葵花油、橄欖油、芥花油、玉米油在內，較清淡、健康的中高端食用油種，市占率雖小，但隨著中國人民年平均所得提高、健康意識抬頭，這些中高端食用油種在中國的市占率趨勢正在向上。觀察現在歐美國家或是台、港、日本等國的食用油市場，就知道這些中高端食用油未來在中國的市占率，勢必會有很大的提升空間。

2. 上海佳格的「多力」在中國是有競爭力的品牌

當時上海佳格的「多力」已經是中國第 5 大食用油品牌（前 4 名依序為金龍魚、福臨門、魯花、胡姬花），同時是「葵花油」這個食用油品種在中國的第 1 品牌。因此即使上海佳格每年都虧損而拖累整個佳格的獲利，但佳格的錢也不是白賠的，上海佳格的營收是逐年向上，並在中國食用油市場占有一席之地。尤其 2008 年的第 1 季，佳格的「業外」是獲利的，雖然當時從財報裡看不出上海佳格是否開始賺錢，但從一些中國食用油市場相關的文章得知，2008 年第 1 季當時中國食用油市場正在上漲，所以合理的猜測，2008 年第 1 季上海佳格營收表現至少不差（後來在股東會上由佳格曹德風董事長親口證實，2008 年第 1 季當時上海佳格是賺錢的）。

3. 佳格台灣母公司的獲利趨勢正在向上並創歷史新高

即使是在金融風暴的肆虐下，佳格光 2008 年前 3 季的獲利就已經是歷年之最，稅後淨利 7 億 400 萬元，EPS 為 2.21 元。2008 年第 4 季的營收 24 億 5,700 萬元，則是創下歷年單季營收新高；2009 年第 1 季的營收將近 25 億 3,500 萬元，同樣再創歷史新高，由此可知，佳格在台灣的營運目前正蒸蒸日

圖1　佳格在金融海嘯期間，營收仍亮眼
——佳格（1227）獲利能力分析

季別	營業收入	營業成本	營業毛利	毛利率	營業利益	營益率	業外收支	稅前淨利	稅後淨利
98.2Q	2,249	1,301	949	42.18%	412	18.29%	-63	349	253
98.1Q	2,535	1,485	1,050	41.43%	549	21.67%	-78	471	344
97.4Q	2,457	1,619	838	34.11%	249	10.13%	-257	-8	2
97.3Q	2,046	1,227	819	40.05%	292	14.30%	-94	198	143
97.2Q	1,949	1,120	829	42.53%	398	20.44%	-70	328	238
97.1Q	1,865	1,068	797	42.75%	407	21.85%	34	442	323
96.4Q	1,780	1,069	711	39.94%					92
96.3Q	1,579	966	613	38.82%					84
96.2Q	1,662	1,037	624	37.57%	185	11.12%	-114	71	52

2008年（民國97年）營收持續成長，2009年第1季營收創歷史新高

註：單位為新台幣百萬元　　資料來源：MoneyDJ網站　　整理：羅仲良

上（詳見圖1）。

　　綜合以上的結綸，我認定在中國食用油市場，高端油種市場占有率提升已是既成的趨勢下，上海佳格的「多力」作為一個在葵花油、芥花油、橄欖油等食用油品種具有競爭力的中國食用油品牌，終有一日必定會轉虧為盈。而且從2008年第1季佳格的獲利表現來看，上海佳格離轉虧為盈的日子就差臨門一腳。

估計股價至少有20%成長空間，準備大力進場

　　此外，由於佳格在台灣的獲利持續成長，以它當時的營收表現加上食品股的營運比較穩健，我估計在正常狀況下，即使上海佳格持續虧損，只要不要比2008

年更慘，2009 年的 EPS 至少也會落在 3 元～ 3.5 元的水準，可以再創歷年新高。以 12 倍的本益比估算，股價有機會向上提升到 36 元～ 42 元的水準。

2009 年 4 月佳格股價在 30 元附近盤整，所以我當時打的算盤是，買進佳格抱著 1 年，等到 2010 年 4 月底公布 2009 年及 2010 第 1 季的獲利，以最保守估計漲到 36 元，至少有機會獲得 20% 的報酬。如果中國少虧一點或是台灣多賺一點，佳格股價就有機會上看 40 元，那我的獲利就能超過 30%。

所以我決定買進佳格，準備抱個 1 年，至少有個安慰獎的獲利（20% ～ 30%）。如果 1 年之後上海佳格有轉虧為盈的徵兆，自己就有機會大賺，屆時再觀察要不要繼續長抱。

電訪了解財報利空原因後，重壓8成資金

2009 年 4 月 15 日，就在我準備對佳格「以身相許」的時候，佳格公布了2008 年的年報。2008 年的第 4 季只賺新台幣 200 萬元，EPS 每股 0.01 元，而且這還是有退稅 1,000 萬元之後的結果，佳格 2008 年第 4 季稅前是虧損800 萬元。一看到這個數字我整個傻眼，Why ？ 2008 年第 4 季營收創下歷史單季新高，獲利表現不佳也就算了，竟然還是虧損的？損益表裡的「業外損失」2 億多元也創下歷史新高。這種令人傻眼的數字，逼得我打了人生第 1 通給上市公司財務部的電話。

一開始我有點緊張，因為怕對方會不理會我這個小散戶。然而佳格的財務部還滿客氣的，確認我打電話的原因後，一位財務部的員工幫我把電話轉給公司幹部。經過那位幹部的解說之後，才了解佳格 2008 年第 4 季財報之所以會這麼

爛，主要是因為 2008 年下半年食用油景氣急凍，原料及成品油的價格快速下跌，上海佳格和台灣這邊在第 4 季一次認列了許多庫存跌價損失。而由於目前食用油市場已經回穩，2009 年再發生像 2008 年這種價格急速下跌的機會應該不大。

經過審慎地評估，覺得佳格是自己比較有把握、比較能抱得住，又容易追蹤的股票。如果買前鼎（4908），我比較沒能力去分析光纖產業；買佳格，我至少知道它的東西好不好吃，身邊的人用得多不多。於是就在 2009 年 4 月 28 日以 30.7 元開盤價現股買進，重壓佳格 8 成資金。

追蹤》股價遲未上漲，密集觀察上海佳格發展

曾看過一本財經書上寫著「買股票是一場信心大賽」，買進佳格的情形正是如此。在重壓佳格前就給我出了道難題，2008 年第 4 季稅前虧損，稅後只小賺 200 萬元。雖然經過公司派的解釋後，心裡對這種爛成績有所理解，也認為公司派這樣做是對的；因為與其讓跌價的庫存去影響 2009 年的獲利，不如一次在 2008 年第 4 季一次認足，讓利空出盡。但即使自己清楚這種狀況，持股信心多少還是會減損一些，讓我買起來心裡有點毛毛的。

2009年Q1單季獲利創新高，市場卻反應冷淡

不過還好我的持股信心很快就出現援軍，佳格 2009 年第 1 季的財報繳出了好成績，稅後獲利 3 億 4,400 萬元創下單季歷史新高，每股盈餘 1.08 元。業外雖然還是虧損的，但虧損金額已經從 2008 年第 4 季的 2 億 5,700 萬元，降到 7,800 萬元（那種嚇死人的業外虧損總算是沒有再出現了）。

雖然我認為 2009 年第 1 季的好成績是一個利多，但市場卻不這麼認為。單季獲利創下歷史新高，並沒有對佳格的股價帶來任何上漲動力，市場對佳格 2009 年第 1 季財報的好表現「視而不見」；財報公布後，佳格的股價持續在 30 元附近盤整。

在重壓佳格前，我已經盡力蒐集資料並做好相關研究。為了更深刻了解它的產品競爭力，一一買來佳格各品牌的各種產品親自試吃，並詢問身邊的人對它產品的評價，甚至連女生喝的「天地合補四物飲」，自己都喝了膠原蛋白和青木瓜兩種口味各 1 瓶（還好身體沒發生什麼變化）。買進後我也會三不五時實際去大賣場跟家附近的超商做功課，觀察佳格所有旗下商品和競爭對手的銷售狀況，看看製造日期誰比較新（製造日期離現在愈久或甚至快到期，表示該商品銷售不佳）；觀察佳格商品和競爭對手的價格、包裝設計、容量……等等資訊，評估佳格商品的競爭力。

以大燕麥片這個商品為例，原本我一直以為台灣只有桂格大燕麥片這個品牌；買進佳格後，我才注意到原來味全也有在賣大燕麥片。但無論品牌形象、包裝設計的質感，甚至價格，佳格都優於味全（推斷應該是在台灣的大燕麥片商品，佳格進貨量高於味全很多，進價比較便宜）。在當時佳格旗下除了福樂牛乳這個品牌的商品競爭力比較弱之外，其他商品不是有穩定的銷售量，就是在該領域銷售量名列前茅。無論買進前或買進後，能做的我都盡量做了，既然市場暫時不像我這般認同佳格，那就只有持續觀察、等待了。

2009 年 5 月，佳格除了每月 10 日前公布上個月台灣方面的營收，也開始每月公布上海佳格的上個月營收，這對於追蹤佳格中國方面的業績更方便即時了。

4 月份上海佳格營收為 4 億 6,200 萬元，1 月～ 4 月累計營收 16 億 5,000 萬元，前 4 個月的平均月營收約 4 億 1,250 萬元。2009 年 6 月初，公告上海佳格 5 月營收 3 億 6,200 萬元，累計營收 20 億 5,000 萬元，前 5 個月平均月營收 4 億 1,000 萬元。

2009 年 6 月 19 日，佳格在大園廠召開股東會，還好那天我的經理同意讓別的同事幫忙接單，准我請假去參加佳格股東會。這是我人生第 1 次參加股東會，當天收穫很多，獲得不少重要資訊也更了解佳格，讓我覺得不虛此行，同時更增強對它的信心。

上海佳格單月營收暴跌，向公司求證找答案

2009 年 7 月初，公告上海佳格 6 月營收 8,272 萬元，累計營收 21 億 3,300 萬元，前 6 個月平均月營收降到 3 億 5,500 萬元。哇！又出現一個讓人傻眼的數字，上海佳格 6 月營收只有 4 月份的 1/5 ～ 1/6，落差實在很大。

食用油產業有時波動很大沒錯，但也不可能出現這種情形。如果是發生在 2008 年的下半年，中國食用油景氣大暴跌時我可以理解。但我一直有上中國的食用油專業網站和部落格追蹤產業發展，2009 年 3 月落底後，就開始展開一波上漲行情，2009 年 6 月中國整體食用油景氣正在向上，出現如此營收暴跌的情形根本不合邏輯。這種只有填錯才能解釋的鳥數字，逼得我第 2 次打給佳格的財務部。

這次佳格財務部一位女性幹部同樣很有耐心地向我說明，上海佳格 6 月份實際的營運狀況其實沒這麼糟糕，只是有些以往認列為「營收」的部分，會計師因

為看法不同，認為應該認列為「業外」，所以呈現出來的數字才會落差這麼大。

聽完這位幹部的解釋我才放下心！當時心裡想，自己在 2009 年 3 月底就猜對台股將要上漲，別檔比佳格獲利還差的股票一直漲，我持有的佳格卻動也不動，有時還跌破我的成本，連買指數股票型基金（ETF）都比佳格強。即使我知道這是難得一見的多頭行情，但眼睜睜看著萬家烤肉只有我一家不香，已經抱股抱得有點「鬱卒」了，還好問清楚後，證明是虛驚一場。

2009年7月佳格大舉投資上海廠，解讀為營運利多

2009 年 7 月 14 日，又出現一個嚇人的公告，「佳格投資上海佳格食品 2,000 萬美元」。6 月 19 日董事長曹德風才在股東會上表示，對中國的投資一向小心謹慎不會躁進，不到 1 個月就自打嘴巴說要大舉增資，把 2008 年整年度的獲利幾乎全部投入中國市場。

和前兩次相比，我覺得這次算是利多。雖然不知道為何佳格要選在此時壓重注──大舉增資上海佳格，但自然有它看好的理由，於是我打了第 3 次電話到佳格：「因為這次增資的事，我有事想要問發言人。」

其實我知道佳格的發言人＝總經理＝董事長＝曹德風先生，我故意說要找「發言人」，是想看看會不會矇到和「董事長」曹德風講講話（畢竟他掌控的持股過半，佳格的事都他一個人說了算數），結果當然還是被員工擋掉，說發言人有事外出，轉由公司幹部回答。

那位幹部說：「這次增資主要是因為以往政府（扁政府時期）對投資中國限制

較多，現在開放了，就把錢拿去還一些在中國的借貸。還有上海佳格方面，如果讓它自然成長，速度太慢；直接挹注現金可以加速中國方面業務的發展。」我對這個回答很滿意，這表示上海佳格轉虧為盈的日子又更近了。

2009 年 8 月，佳格公布半年報，第 2 季獲利 2 億 5,300 萬元，EPS 為 0.79 元，其中業外虧損 6,300 萬元，略少於第 1 季的虧損 7,800 萬元，累計上半年獲利 5 億 9,700 萬元，EPS 為 1.86 元。依目前的獲利進度來看，當初自己設定的低標「2009 年 EPS 超過 3 元，股價漲幅 20%～30%」，我想應該沒問題。

2009 年 9 月，經歷 5 個月的盤整，佳格終於跟上大盤和其他股票的腳步，開始有點上漲的跡象，9 月 11 日放量 7,606 張，大漲 5.98%，收在 31.9 元；9 月 25 日漲停板，收在 34 元（詳見圖 2）。

2009 年 9 月 29 日，台灣佳格再公告增資上海佳格 8,000 萬美元，金額是 7 月份的 4 倍。

起漲》佳格獲利愈見明朗，耐心等到股價飆漲

10 月初，公告佳格 9 月營收 8 億 1,000 萬元比 8 月略高一點，為單月營收歷史第 3 高。累計 2009 年第 3 季台灣佳格營收 23 億 3,400 萬元，比第 2 季的 22 億 4,900 萬元略增一些。上海佳格公告的 9 月營收則為 6 億 3,600 萬元，幾乎是 8 月份公告金額 3 億 2,200 萬元的 1 倍，也是上海佳格公布單月營收以來最高的一次，當時我預估上海佳格 9 月份單月應該是獲利的。而營收創新高的主因，很可能是因為上海佳格在蒙古磴口的二期廠產能開出來了。

圖2 經過2009年4月到8月盤整後，9月終於起漲
——佳格（1227）日線走勢圖

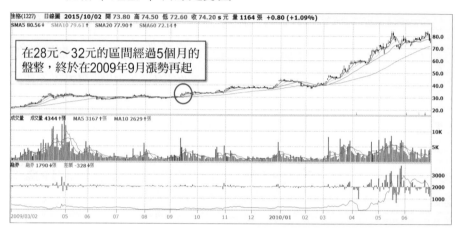

在28元～32元的區間經過5個月的盤整，終於在2009年9月漲勢再起

資料來源：XQ全球贏家　　整理：羅仲良

看好將成百元食品股，投入剩餘資金

10月29日，公告第3季財報獲利3億3,500萬元（創歷史次高紀錄），EPS為1.05元，比我想的還高。累計前3季獲利9億3,200萬元，EPS為2.91元，這個成績用「年」的角度來算，也已經創下歷史新高紀錄。尤其最令人振奮的是業外虧損降到只有800萬元，如果加上業外收入，業外合計賺100萬元。

由於當時中國食用油的景氣持續向上，而第4季和第1季正是佳格台灣、中國兩地的營運旺季，獲利勢必比第3季更佳。所以當時我判定，第4季上海佳格極有可能單季由虧為盈，而2010年上海佳格極有可能全年轉虧為盈。

　　原本我估計佳格依當時的獲利能力，台灣本業不受中國虧損拖累，EPS 就有達到 4.5 元的實力，如果加計台灣 2010 年本業獲利小幅成長 5%～10%，以及同年營業稅自 25% 調降至 20% 的影響（後來有新版本是降到 17%）。光是不含上海佳格的獲利，EPS 就能達到 5 元以上，如果加計上海佳格的獲利，EPS 至少 5 元～6 元，甚至情況好的話有機會挑戰 6 元以上。

　　2009 年第 3 季財報一公布，我知道未來股價上看 60 元的機會很大（以 EPS 5 元、12 倍的本益比估）。而且以佳格長線展望（如果台灣維持穩定小幅成長，中國能持續成長）來看，在未來 3～5 年內，EPS 有機會站上 10 元以上，佳格未來很有機會可以成為近年來唯一一檔股價能長期保持在百元以上的食品股。看到第 3 季優異的財報，讓我把剩餘的操作資金也全數投入，持股 10 成滿檔。

　　2009 年 12 月底時佳格股價攻勢再起，從 38 元附近到 2010 年 1 月 4 日盤中最高漲到 45.2 元。2010 年 1 月初，公告佳格 12 月營收 9 億 5,700 萬元，此為單月營收歷史次高成績，上海佳格營收 7 億 5,000 萬元，則再創公布這項數據的新高。

2010年初股價回檔後啟動漲勢

　　2010 年初因為歐債危機升高，1 月中大盤自 8,395 點下跌到 2 月 8 日盤中最低 7,080 點，約半個月的時間急殺 1,300 多點（詳見圖 3）。佳格也跟著大盤做回檔，2010 年 2 月 5 日最低時跌到 37.2 元。當時心裡想大盤都漲了 1 倍多（自金融海嘯最低點 3,955 點至 2010 年初最高點 8,395 點），而佳格好不容易等了將近 1 年，帳面上 50% 的獲利一下子就去掉一半，持股信心不免有些動搖，開始胡思亂想是不是哪裡看錯？不然 2010 年 EPS 應該至少能到 5

元以上的佳格，怎麼會跌到 37 元這種價錢？

這波下跌也把我母親的持股給洗掉了。她不顧我的勸阻，強烈堅持在 38 元附近賣掉佳格；她的理由是過完耶誕節後就不容易漲，這是一個爛理由，都快過年了還拿耶誕節來搪塞（其實是怕再跌下去，連安慰獎都沒了）。屋漏偏逢連夜雨，股價下跌再加上老媽的堅持賣出，讓我也一度閃過要賣的念頭。

但這個念頭很快就沒了。因為，連這麼有把握而且又是現股買進的佳格，若還要賣掉躲避下跌風險，那我以後也不用再做股票了；這次假使真的抱了快 1 年

圖3 2010年初大盤急殺大跌1300多點
──台灣加權指數日線走勢圖

資料來源：XQ全球贏家　整理：羅仲良

領個安慰獎就退縮，以後做股票也不會有什麼出息了。所以這次下跌讓我決定了2件事：第1，佳格絕不停損，死也要抱到4月底見到2009年年報和2010年第1季季報；第2，以後盡量少跟別人說自己買什麼，即使是自己的老媽也一樣，特別是身邊的人，他們是最容易影響自己心情的人。

2010年2月初，佳格公告1月營收11億6,800萬元，上海佳格1月營收7億8,400萬元，兩岸的單月營收同創歷史新高。此時更加堅定自己的判斷是正確的。2010年3月，過去一年漲勢一直很小，甚至嚴重落後給大盤的佳格股價，突然像怒濤般凶猛上漲，從40.6元漲到58元，漲幅43%（詳見圖4）。

圖4 2010年3月隨大盤回穩，佳格開始大漲
——佳格（1227）日線走勢圖

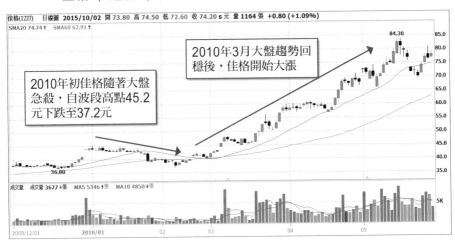

資料來源：XQ全球贏家　　整理：羅仲良

出場》持有約1年獲利了結，寫下140%甜美報酬

　　佳格一切狀況都很 OK，以預估它 5 元～ 6 元的獲利來看，股價還算便宜，籌碼也很穩定、量價正常、技術線型是標準多頭，沒有任何需要賣出的理由。但是我觀察到當時的台股大盤有點弱，很多國外股市都已經突破 2010 年 1 月～ 2 月回檔前的高點了，台股還一直無法過上一次的高點 8,395 點。

　　2010 年 4 月，佳格持續上漲，這時我觀察到台股和國際股市開始有點怪怪的，台股和國際幾個重要的股市成交量，都出現了幾次量價背離的狀況。中國的上證 A 股尤其弱，在 4 月 19 日跌破年線，4 月底時開始破底，線型呈現空頭排列。而消息面上，冰島的火山灰重創歐陸空運，歐豬四國——希臘、西班牙、葡萄牙、義大利的債務問題引發全球對歐元的不信任感，有種風雨欲來的感覺。

佳格基本面優但大環境不穩，動搖持有念頭

　　2010 年 4 月 27 日，佳格 2009 年財報出爐，第 4 季獲利 3 億 5,800 萬元，EPS 為 1.12 元，其中業外賺 300 萬元。雖然獲利如預期創下歷史新高紀錄，但比我估計賺得少（中國沒想像中賺得多）。2009 年累計 EPS 為 4.03 元，創下歷史新高紀錄，年度 EPS 不只超越我當初訂的低標（3 元），更一舉站上 4 元的水準。

　　2010 年 4 月 30 日，公告 2010 年第 1 季財報獲利 6 億 2,800 萬元，連兩季獲利創歷史新高，EPS 為 1.96 元，比我當時估的高標 1.8 元還要高。其中業外收支合計呈現正值，賺 5,900 萬元，而從會計師核閱的財報可看到業外中的 Accession Limited（主要投資上海佳格）獲利 4,400 多萬元。

2010 年第 1 季佳格每股獲利 1.96 元，而且是扎扎實實靠本業賺來的，並不是靠賣股票或賣不動產，這樣的獲利成績算是相當好，因此佳格股價有機會因為這個利多而上漲。

當時自己看到這個亮麗的獲利成績，心裡很矛盾，對於佳格，我找不到需要賣出的理由。單季 EPS 將近 2 元對股價 60 元～ 70 元的佳格來講算是合理，還不算偏高。而且依照以往的經驗，股價通常都會超漲，更何況佳格未來的獲利成長很值得期待。我相信即使這波漲勢告一段落，2010 年下半年或是在 2011 年，佳格也很有機會重啟漲勢，再來一波股價創新高之旅。

此外，它的成交量很正常，不但量價配合，最大成交量也還不到股本的 3%，籌碼相當穩定。技術線型毫無瑕疵，是標準的多頭，財務體質更是優得沒話說。在基本面、籌碼面、技術面、財務面俱佳的背景下，似乎續抱是最佳選擇。但偏偏當時的台股大盤和國際股市讓我心裡覺得毛毛的，感覺有危險將要發生，此時甚至出現讓我想要做空的標的，動搖了續抱佳格的想法。

資金需求＋股價多空交戰，出清持股賺進210萬元

同時，迫於現實生活的壓力，自己原打算佳格抱 1 年多就賣掉。因為自從我可愛的雙胞胎女兒出生後，家庭開銷一直透支，靠吃我的本金在撐。即使當時老婆的童裝批發生意還不錯，透支情況稍有好轉，但不怕一萬只怕萬一。所以我寧願少賺後面的行情而在 70 元附近賣掉，也不願意冒風險看著佳格回檔，然後再抱個半年 1 年等它回升。況且期間內若需要用錢，也可能逼我賣在更低的價格。

現實的生活壓力，讓我即使有巴菲特的眼光和耐心，也沒有巴菲特的財力可以

抱這麼久。更何況我發現另一檔適合放空的標的，即使佳格賣錯了，我也有機會靠放空賺一筆；即使放空操作再度看錯，也有把握能即時停損出場，而不會重蹈覆轍，做出像以往放任虧損擴大的傻事。

我不是神，也不是電視上神準的分析師，不知道自己感覺到的危險是不是真的會來？還是只是虛驚一場後又重回漲勢？我只知道我感覺到有危險了，管它猜對還是猜錯，先賣了再說。所以最後我的計畫是，如果佳格真的因為 2010 年第 1 季財報成績而上漲，但成交量有爆大量的疑慮、或有其他危險現象時我就賣掉；如果是上漲，成交量都很正常且沒有爆大量的話，我就繼續抱著，直到出現危險的訊號再賣。

2010 年 5 月 3 日，佳格公布第 1 季財報後的次一個營業日，開盤就鎖住漲停板在 72.6 元，然後沒多久因多空交戰激烈，成交量迅速暴增，於是我決定賣出，在 71 元～72 元全數出清。

2010 年 5 月 3 日佳格開盤第 1 個小時爆出 5,000 多張成交量，創下它 2010 年以來單一小時最大成交量，有一點主力出貨的味道。當時預估當天應該有機會成交量突破萬張以上，不過接下來量能急凍，當天收盤成交量只有 7,200 多張，跟平時比起來是有點大，但還不算爆量，而且收盤收在高點 72.5 元只和漲停差 1 角。雖然當時心裡有種部位被洗掉的感覺，不過也不想再買回來了，心想如果賣錯就算了。

最後結算，佳格以抱了 1 年又 1 個多月的時間，獲利率約 140%，獲利 210 萬元，創下我進入股市單一個股獲利總金額最多的成果，結束了這場佳格之戰。

心得與檢討

❶**操作時與人談論自己的持股是「自尋煩惱」**：在生活上自己周遭的人雖然是「親朋好友」，但在股市操作上，這些人卻極有可能成為導致操作失敗的「敵人」。操作時的煩惱和痛苦已經夠多了，盡量少跟別人談自己的操作，以免他人有機會「關心」、「發表意見」甚至想「插手介入」，也避免自己為了「面子」問題，而對自己的操作造成困擾和壓力使自己做出錯誤的動作。

❷**「聚焦」可以讓判斷品質提高**：看佳格的財報很容易就能發現，上海佳格連年虧損，一直是拖累佳格獲利的敗家子。當時我上網找佳格的資料時，得知滿多極富盛名的財經部落客或專家，因為上海佳格而對佳格不怎麼看好。然而因為自己做了更深入的功課，看出上海佳格這個敗家子是有機會可以轉虧為盈，甚至有朝一日成為金雞母。其原因不是因為我比專家們專業，而是在於「聚焦」。

專家們因為研究的標的比較多，所以相對不能花太多時間在一檔股票上面，在時間限制下，只能花幾個小時解讀財報看出佳格的「缺點」。這對我這個小散戶就沒有這種問題，因此我可以只研究佳格一檔股票，然後花好幾百個小時試吃、蒐集資料、研究和評估，看出佳格的潛在「機會」。所以即使專業度比較差，透過聚焦地用心研究，也是有機會能得出比分析師、財經專家或研究員更佳的研究品質。

❸**最好的股票就是最有把握的股票**：從 2009 年到 2010 年佳格的這段漲勢，我的獲利率 140% 表現只能算是普通而已。當時台股很多股票漲幅 2、3 倍甚至高達 7、8 倍以上的都有，但我已經很滿足了。

我從榮剛、仕欽、歌林、力特、佳格等股票的操作中學到一件事，對自己操作最有利的股票並不是最會飆漲的股票，而是自己最有把握的股票。再會派的股票，如果對它沒有信心，買了也抱不住，賺不到錢甚至還可能虧錢。長時間緊抱持股是件很孤獨又容易遇到許多打擊的事，你需要對它有足夠強大的信心，才能熬過這個過程。

❹**股市永遠有好機會，別懊惱沒賣在高價**：我在 72 元附近賣掉佳格之後，它又繼續往上漲，最高曾經漲到 140 幾元。等於我賣掉之後它又再上漲了 1 倍，心裡難免會覺得可惜，但我淡然處之。因為即使在 72 元附近沒賣掉，當佳格漲到 80 元左右我也一定會賣掉，從 30 元抱到 72 元對我來說，已經達到目標甚至還超過，賺夠了就好。

美國投資大師威廉・歐尼爾（William J. O'Neil）曾說過：「你如果因為賣出股票後該股票仍持續上揚而自責，實在是愚蠢不過的事。所謂獲利了結的意義是你已經

靠賣出股票而賺了一筆，因此沒有必要因為股票在賣出後持續上揚而感到懊惱。」這句話尤其適用於一個有能力在股市中持續獲利的人，因為即使這檔少賺了，下次也能在別檔賺到。只要有能力，就能看到機會持續不斷地在市場中出現；反之，沒有能力，就算機會已經出現在眼前也只會視而不見。

❺**公司跟人一樣，一直在「變」**：彼得‧林區曾在他的書上講過：「公司是動態的，因此其前景也持續變化，世界上沒有哪檔股票是你可以在買進之後就放著不管。」所以面對自己手上的股票，可以不必常常想要買賣它，但一定要持續追蹤，以防它可能會變質成一個雖然名稱和以前相同，但本質已經和當初買進時不同的「另一間公司」。

佳格在 2011 年以前稅後獲利一直維持成長趨勢，是間很好的公司。後來似乎因為原物料上漲成本無法轉嫁的關係，使得 2012 年之後本來已經轉虧為盈的上海佳格，又變成時而獲利、時而虧損，連累佳格獲利反而連續衰退 2 年。

❻**興趣讓我勇於面對困難**：經過佳格這一役，我又進步了，更有能力繼續存活在這個充滿危險與機會的股票市場裡。很慶幸我這個不長進的職場工作者，至少在金融操作方面能夠持續進步，離我希望成為專業投資人的夢想又更近一步。

人生是不斷的挑戰！還有很多東西等著我去學習，有許多挑戰等著我去克服。自己走的不是一條容易的路，事實證明極少數的人能在這個領域持續成功，稍一不慎就可能滿盤皆輸、前功盡棄。但能有這種挑戰困難的機會，卻讓我感到很幸運、很幸福、也很快樂，這一切都拜股票之賜，畢竟這是個我感興趣且對它充滿熱情的領域。如果不是在股票市場裡，我幾乎可以很篤定地相信自己會活得既沒自信也不快樂。

❼**重複成功和失敗的過程，能使人不斷地成長**：面對這次佳格的成功操作，自己不再像樂剛及華碩初期操作成功時有自大驕傲的狀況發生（非常希望以後也不要再發生）。在股市裡不斷地經歷成功和失敗，讓我領悟到：「成功使人驕傲，失敗使人自卑；不斷地重複成功和失敗的過程，能使人不斷地成長，進而不卑不亢。

第23站 只有操作的人生 是狹隘而可悲的

2010年6月

休養生息和家庭讓我的心靈成熟度大增：我在股市裡很努力地賺到 100 萬元的快樂，不見得能比得上自己餵女兒吃布丁或是她們親我臉頰一下的快樂。

抱佳格 1 年多的時間，讓我的心靈得到休息，也讓我學到了很多重要的東西。畢竟從當營業員立志於金融操作後，自己就開始被股市摧殘到疲憊不堪，又容易擔心受怕。自從邁向金融操作這條路發展後，我一直汲汲營營，並希望能在股市中快速致富；我一直想要成為股神巴菲特第二或是知名股市作手傑西‧李佛摩（Jesse Livermore）第二，無時無刻不在做我的股神夢。這樣的心態，讓我過度看重金融操作的成敗得失，同時過度看重金錢，所以只要一有失敗或是賠錢，就感到痛苦，容易自我否定。

用自己的步調操作股票，才能累積財富

這段長時間處於無聊的操作，除了讓我有時間靜下心來思考自身的問題，也讓我能多陪陪家人和兩個可愛的女兒。因為有了這段休息、思考的時間，讓我知道一件事，如果我一直想成為巴菲特第二或是傑西‧李佛摩第二，想創造他們那種

如神話般的績效，自己將注定失敗——主因是我沒有他們的能力，卻想達成和他們一樣的績效。

如果我想用像他們同樣的速度累積財富，我就一定會用同樣或更快的速度失去我的財富。每個人都是獨一無二的，我永遠不可能成為他們，我只能當我自己。我只能用我的方式和步調去操作股票、去增進自己的能力，並累積屬於自己的財富。

此外，長抱佳格這 1 年多來，我那兩個可愛的雙胞胎女兒讓我體驗到以往沒有過的家庭快樂，讓我深深體會到生命中還有很多比金錢更美好的事物。我在股市裡很努力地賺到 100 萬元的快樂，不見得比得上自己餵女兒吃布丁或是她們親我臉頰一下的快樂。前者需要一些本金，要花很多精神和時間，還要承受賠錢的風險和壓力；後者卻只需要花 12 元和幾秒鐘就可獲得。

這讓我不再生活在一心只沉醉在金錢的狹隘世界裡，也了解到過去過度追求金錢和操作成功的我，已經嚴重失去我人生旅途中的「平衡」。就像一個過度注重工作的人，極有可能會在家庭、健康或是其他地方出現問題一樣。

安德列‧科斯托蘭尼（André Kostolany）在《一個投機者的告白之金錢遊戲》這本書裡提到：「投機者生活的 1/5 是股市，賭徒則是 4/5。」一個人的生活，可以有某件事物是他的重心，但不可以是全部，因為如果持續以這種失去平衡的方式前進，總有一天會在某方面出現問題。人生不是只有金融操作，只有金融操作的人生是狹隘而可悲的！

補充

給女兒的一封信（本文為 2010 年 6 月參與 WHY AND 1/2 童裝徵文投稿）

給我的 2 歲雙胞胎女兒圓圓（姊）和咚咚（妹）：

輕微咳嗽的我，故意咳得有點嚴重，咚咚說：「爸爸，你酷酷了哦？來！我幫你拍拍。」然後我就很快樂地讓妳們兩個一起拍著我的背。

不小心撞到東西，我假裝好痛假哭時，圓圓對我說：「爸爸不要哭，圓圓保護你！」然後為了安慰我，圓圓妳走過來親了我的臉頰一下，那時我覺得我好幸福，幸福得像是整個人要融化掉。

每次去大賣場或是百貨公司時，我喜歡走在妳們的後面保持一段距離，因為我想要觀察今天有多少個陌生人稱讚我的女兒們可愛，目前最高紀錄是 23 個人說妳們可愛。

當妳們看圖說故事忘記故事情節時，看著妳們指著故事書上的圖亂掰，還一邊講一邊笑的可愛樣子，讓我覺得妳們亂掰的故事比原來的故事還要好聽有趣。

有妳們的日子，每一天、每一個小時、每一分鐘、每一秒都是幸福的。和妳們在一起做的每件事，即使只是看著妳們吃東西或是睡覺都是快樂的。雖然妳們現在才 2 歲，但我已經開始在擔心妳們長大以後去外面住，或是因為結婚而離開我時要怎麼辦？爸爸會好捨不得的，我的心肝寶貝們！

第24站 待不下證券業 轉到幼兒園打雜

2009年8月

從理財專業顧問到專業顧門口:「潛」了4年半業績還是一樣爛,我的「潛力」實在太持久,「潛」到我自己都受不了。不如識趣趁早離開,以免日後業績太難看而讓公司為難。

　　我剛開始當營業員時很興奮,每天還沒到上班時間,就興致勃勃地想去上班。那時的自己很喜歡當營業員,主要是覺得這個工作真是太棒了!除了在上班時間可以正正當當地看盤做股票之外,因為在證券業的關係,能接收到許多國內外的財經訊息,同時又與自己的興趣結合,對當時的我而言真的是一件快樂的事。而在營業員工作的初期,剛開始並不會想太多,一直是很單純地開發客戶擴展業績,當然也會找自己的親朋好友們來開戶。

　　但後來我發現,大部分的人其實都不適合進入股市,十之八九的客戶最後都會賠錢,連自己的親朋好友也不例外。看著熟識的人賠錢,實在不是一件令人快樂的事。於是之後開發客戶,我都用「姜太公釣魚法──願者上鉤」,只會稍微花點心力去開發客戶,但是不會很認真;遇到自己主動前來開戶的客戶也不會去拒絕,但一定不會去力邀對方開戶,免得日後客戶如果賠錢,我的心裡會覺得自己好像是在造業。因此,這種心態讓我漸漸地變成一個在雇主眼中看來算是「消極

的營業員」。

看盡客戶賠錢，對職業意義存疑

尤其在 2007 年 11 月台股開始反轉進入空頭市場，除了我自己賠個半死，還親眼目睹一位從小看我長大、跟我算滿親的親戚，賠光他的退休金。另一位從我當營業員開始就常一起討論股票、十分熟識的客戶，則幾乎賠掉他的人生。2008 年金融風暴股市慘跌的時候，有一天他打電話給我劈頭就說：「仲良，我完了！」說他賠掉的那些錢，是一群親戚委託他投資的血汗錢，數百萬元的資金幾乎被他賠到一乾二淨。

記得他在賠錢的時候，我就多次勸阻過，也很納悶他哪來這麼多錢？當時他已經輸瘋了聽不進去；融資買股賠一堆就轉進期貨，期貨也賠一堆就轉進選擇權。每天開盤後，我覺得他根本不是來股市賺錢，而是來賠錢的。

一開始他賠錢還會心痛且擔驚受怕，到後來恐懼累積到達一個程度後，大概因為麻痺了，反而不再害怕。每天開盤後他就下單然後平倉，再下單然後再平倉，一直重複同樣的動作；每天賠個幾萬甚至 10 幾萬元也沒感覺，直到數百萬元賠到剩下不到 1 成，才讓他不得不從這個噩夢中醒來。

其實客戶們賠錢並不是營業員的錯，從人類創造股市開始，100 多年來這個產業的特性就是：大多數的人是輸家，只有少數的人是贏家。公司裡的一位長官知道我有這方面的迷思，也曾經開導我說：「客戶不在我這輸錢，也會在別的地方輸錢。」叫我不要太鑽牛角尖。

他講的是事實，也很有道理，但自己當時還是想不開；畢竟客戶賠錢的時候，營業員這個角色讓我有可能會直接或間接地參與其中。就算只是在一邊旁觀，看著別人賠掉大半生的積蓄，甚至是他們的人生，就足以讓我無法從工作中得到成就感。有時還會覺得自己對這個社會似乎沒有什麼正面的貢獻，甚至覺得自己根本就是在賭場裡上班。

關於我的營業員工作還曾經有個小插曲。在 2008 年初，我做多華碩（2357）慘賠後沒多久，因為我的業績本來就不好，遇上世紀金融風暴更是雪上加霜。那時因為女兒們剛出生，所以即使知道到處去發 DM 開發客戶也沒什麼用處，但還是希望藉此提振一下自己那慘不忍睹的業績。而且這樣做，至少感覺自己有在努力，會讓我在面對女兒們時的心情能好過一些，減輕一點賠錢的罪惡感。

某一天傍晚，當我 DM 發到桃園市成功路郵政總局的門口前，遇到一位在賣「麥煎餅」的阿婆正在收攤，順手就遞了 1 張 DM 給她。那時她問我：「你是做哪行的？這麼晚了還在發 DM ？」於是我回答阿婆：「我是證券營業員。」她看了看我，很直接地說：「少年仔，去找一個正當的工作，不要做這行（台語發音）。」聽到她叫我去找個「正當工作」，自己心裡感到很錯愕又哭笑不得，阿婆怎麼會這樣講？原來證券營業員是非法的工作？

接著她跟我說，她自己就在郵局對面大樓裡的證券商開戶做股票，幾年下來賠得很慘。還說同一家證券商裡，某個媽媽賠了幾棟房子、某個太太賠到家庭失和，講一堆股友們慘賠的故事給我聽。看著她滔滔不絕地一心勸我向善，我實在是無言以對，只好聽她念了 10 幾分鐘的「大悲咒」後，就趕緊逃之夭夭。隔天講給隔壁的同事們聽，就被他們笑到勸我趕緊改邪歸正。

業績未見起色，決定辭職轉業

證券營業員當然是個正當工作，而且在金融市場裡是一種很重要的職業。雖然「客戶大多賠錢」是證券業的產業特性，但也正因為如此，證券營業員可以提醒客戶們該注意的事項，讓他們不要把股票想得太天真。當客戶承擔太大風險時，營業員能適時提醒，或是透過本身的專業、經驗和服務去幫助客戶趨吉避凶、蒐集資料、提供更好的下單服務。因此，證券營業員也算是一種對他人、對社會很有貢獻的工作，只是當時的我就是鑽不出那個牛角尖。

我在 2009 年 5、6 月時，一方面對證券營業員的工作已經意興闌珊；一方面自己也看出當時的業績已經大勢已去——照我的方式繼續做下去，是不可能把業績拉上來，而且只會愈來愈差。每次開業績檢討會時總是會有我的分，而在檢討會上，經理或副總常會鼓勵我是個有潛力的業務員，同時要我好好加油。不過我「潛」了 4 年半業績還是一樣爛，我的「潛力」實在太持久，「潛」到我自己都受不了。不如識趣趁早離開，以免日後業績太難看而讓公司為難。

那時還不曉得自己下一步要做什麼？只知道我已經很不想再繼續做證券營業員，且仗著手上還有點錢，短暫休息幾個月也不會影響生活，於是 2009 年 8 月 7 日我離開了元富證券。剛好我老婆錦薇那時為了要往童裝批發業創業，打算從我們家幼兒園的工作逐漸淡出，準備離職。於是在操作歌林（已下市）時曾對我放高利貸的老媽（詳見第 16 站），叫我乾脆先去幼兒園幫忙，頂替我老婆以前的工作——在幼兒園裡當行政，除了電腦文書處理，也做一些打雜或站在門口值班（接待家長接送小孩）的工作。期貨天王張松允是「從 20 萬元到 10 億元」，我則是「從理財專業顧問到專業顧門口」，哈！

第25站

借用網友智慧
2次征戰益通成功收穫

2010年9月——益通（3452）

藉由別人專業智慧幫助判斷：4月9日一位暱稱「會計師」的網友說：
「益通的無形資產過於被高估，比宏達電還高出 27 倍；等於淨值高估
了快 2 個資本額（合理的淨值應該從 48.3 元降到 28.5 元）。」

　　2010 年 4 月～ 5 月歐元風暴蠢蠢欲動，我一方面準備賣佳格（1227），
一方面在找其他機會。當時發現太陽能股益通（3452）股價在低檔徘徊，同時
是市場上最弱的一檔股票——唯一股價正在創歷史新低的個股，於是就開始注意
它，看完它的相關資料後整理出 6 個重點徵兆：

益通股價創新低，發現6大弱勢徵兆

徵兆1》**毛利率低**

　　益通在 2010 年第 1 季的毛利率只有約 6%，比其他同業最少低 10 個百分點
以上。在所有的太陽能電池族群中，益通是唯一一家毛利率連 10% 都不到的廠
商，競爭力在太陽能電池族群中敬陪末座。

徵兆2》**資金吃緊**

　　益通的負債偏高——用可轉換公司債（CB）和銀行貸款借了很多錢。偏偏「屋漏偏逢連夜雨」，不但股價低於轉換價，讓可轉債持有人「由債轉股」的意願降低（未來可能都要用現金償還），加上本業當時又正處於大虧。不過幸好益通公司派在 2010 年 3 月，趁著金融市場比較穩定時發行 CB「益通三」募到一筆資金，解了燃眉之急。但如果 2010 年益通本業虧損情況沒有改善，我評估它有可能還是會出現資金周轉吃緊。

徵兆3》 **股價很弱**

　　益通股價從 2010 年 2 月 6 日創歷史新低價 60.5 元後，就一直在歷史新低

圖1 **2010年4月益通創歷史低價，融資餘額高**
——益通（3452）日線走勢圖及融資餘額

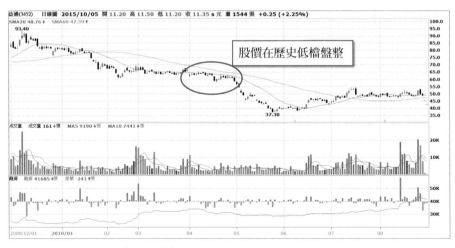

資料來源：XQ 全球贏家　　整理：羅仲良

附近盤整（詳見圖1）。4月19日、20日這兩天，接連創歷史新低價59元和58元，持有益通的每個人都因此被套牢。

徵兆4》融資餘額高，籌碼凌亂

當時益通融資約有3萬1,000～3萬4,000張左右，約占股本的13.7%～15%，比重算相當高，且它的股價又處於歷史新低，因而融資有潛在的賣壓。

徵兆5》股價和營收的方向矛盾

益通的營收年增率從2009年10月起由負轉正，2009年12月和2010年1月的營收與前一年同期相比，甚至超過100%的成長。很顯然地從營收來看，當時益通的營運狀況正在轉好，然而其股價卻正在轉壞，兩者互相矛盾。我不知道它的股價為什麼會和營收走勢相反？為什麼有人要在它營運有轉好跡象時，卻在創歷史新低價的低檔賣掉股票？

然而自己根據過去的實務操作經驗，股價大部分的時候遠比董事長的保證，或是過去已發生的財務數字更值得讓人相信。人會騙人，而錢大多數的時候會比人誠實。事先知道未來有利多、利空的人們，很難抵擋住誘惑，在有利多時不事先買進而獲取利益；有利空時不事先賣出以減少損失。這些知道內情的人雖然不見得會告訴別人，但他們的金錢投入或撤出，卻往往會反映在股價上。

徵兆6》融券小幅增加

益通2010年3月初曾因為發行CB「益通三」，而讓融券增加到2萬6,000張～2萬7,000張，但當時這些空單是為了CB鎖單的成分居高，比較不是為了看空而放空。從4月20日～22日，短短3天融券從100多張增加到2,500

多張，雖稱不上融券暴增，但也看得出有人明顯在小幅布空。

2010 年 4 月這次的融券增加，當時自己不知道這些空單到底是看空，還是只是在等待 CB 轉換成股票的空窗期而做的鎖單？不過即使這些空單真的只是轉換 CB 的鎖單，至少表示這些空單的心態不是很看好益通。因為益通當時 4 檔可轉債中，轉換價格最低的「益通三」也要 64.3 元，而 4 月 20 日～ 22 日這 3 天的空單成本都低於這個價格。

益通無形資產過高，很可能會提列資產減損

上網研究益通的同時，我也去逛了 e-stock 網站裡的討論版，從中發現一位暱

圖2 **網友透露益通「還有未爆彈──無形資產」**
──e-stock網站的討論版文章

主 題：	還有未爆彈-無形資產
作 者：	會計師 ← 財報解讀能力超專業的網友
發表日期：	2010/4/9 下午 12:45:42 IP: X.X.53.159

益通還有未爆彈!
(常見的無形資產有：商標權、專利權、特許權、著作權、電腦軟體與商譽)
98/4Q無形資產被安侯減損7.9億,目前還有約65億在帳上,其無形資產竟然比同業茂迪無形資產是8500萬高出80倍,比台積電的15.68億高出4.14倍,創新一流的宏達電也不過才2.4億還高出27倍,益通與上述公司比一比(商標權、專利權、特許權、著作權、電腦軟體與商譽)有那項比人家好,就知道無形資產灌水很嚴重,試想未來資產減損的機會很大,至少應該低於5億才合理,也就是說還有60億的減損,影響股東權益=60億,未來淨值=48.3*(147-60)/147=28.5元

資料來源：e-stock 網站　　整理：羅仲良

169

稱「會計師」的網友，在 2010 年 4 月 9 日對益通所寫的一篇文章：「還有未爆彈──無形資產」，非常值得參考。這位「會計師」網友指出，益通的無形資產過於被高估，比智慧型手機品牌大廠「宏達電」還高出 27 倍；等於淨值過於高估了快 2 個資本額（合理的淨值應該從 48.3 元降到 28.5 元，詳見圖 2）。

益通股價一直創歷史新低的弱勢，加上研究後發現它的營運前景不佳，融券又有點異常地小幅增加，那時我就已經打算要放空它。而看了這篇文章後再去對照益通的財報，發現它真的如這位「會計師」網友所言，無形資產有過高的狀況，因此更增添了我的信心。

2010 年 4 月 29 日益通公布財報，原來它在 2009 年第 4 季每股大虧 9.59 元，2010 年第 1 季則虧 0.21 元。不過「會計師」網友預期無形資產可能會大幅提列減損的情形，並沒有在 2009 年的年報和 2010 年第 1 季的季報中出現。

第1次放空益通，獲利不到7萬元

5 月 3 日當天早上，我把抱了 1 年多的佳格全都獲利了結。那天益通股價再跌 2 元，收在 56.7 元，跌幅 3.41%，股價正式再破歷史新低。於是當天收盤後我決定了 3 件事：

1. 益通股價 5 月 3 日跌破歷史新低所展現出的弱勢，感覺現在時機成熟、比較安全，可以進場布空了。

2. 經過之前力特（3051）、英誌（已更名為翔耀 2438）、佳必琪（6197）

這幾檔股票的震撼教育，我因此學乖了，不敢再輕易重倉布空單。畢竟放空的壓力之大，自己曾深受其苦，所以這次的部位決定不要放太重。

3. 停損點設在 58.5 元，比之前 4 月 20 日的歷史低點 58 元再高 5 角。

5 月 4 日掛平盤放空 5 張結果成交 57 元（此時淨空單 5 張，平均成本 57 元），當天收在 54.8 元，空單獲利約 1 萬元。放空的第 1 天就有小幅的獲利算是好的開始。5 月 10 日在平盤 46.75 元附近「對鎖」（詳見註 1）15 張，而之後放空及回補的成本價位及損益如表 1，就不再贅述。

從 5 月 4 日放空後，益通股價一路下滑，並在 5 月 25 日創下歷史新低價 37.3 元後一直在低檔徘徊。當時我的停損點跟著向下移動，改設在 45.8 元（比 5 月 7 日的低點高 0.1 元），後來 6 月 4 日冒了 1 根小紅 K 棒——成交張數 4,695 張，還算不小，當天最高點為 42.55 元。等過了 2 天都沒再突破 42.55 元這個整理區間的最高價，於是就把心裡的停損點再往下調，由 45.8 元改設在 42.6 元，比 42.55 元再高一點點，打算只要漲到超過這個價位我就回補；但如果依原本的趨勢再向下跌破 37.3 元，自己就繼續抱著空單賺。

原本從 5 月 4 日開始放空後，每天盤中自己三不五時就會去看一下益通的行

註 1：**對鎖**：由於台灣的股市平盤以下不能自由放空，所以就先做「對鎖」（買進現股的同時又融券賣出；或同時融資、融券同 1 檔股票，再去券商辦資券不互抵的手續，讓手上同時擁有同 1 檔股票的多單和空單），以保留可以放空的額度；等到真的想放空時就賣掉多單，增加淨空單的部位。如果走勢不如自己預期，就把空單和手上的多單互相抵消。在不能自由放空的台灣股市，這樣做雖然會增加交易成本，但可以增加操作的靈活性。

情表，緊盯它的走勢。因為以往的經驗告訴我，放空這種有主力上下其手的股票要特別注意，所以即使我人不在辦公室、到外面採購或辦公時，也會利用等紅燈或空檔的時候，用手機看行情。

帳面上曾獲利20幾萬，鬆懈下被主力偷襲後飛走

但在 5 月 25 日創歷史新低後，益通走勢呈現膠著一直在盤整，我也就有點鬆懈下來，對於盤中行情就沒盯得那麼勤。6 月 15 日中午我外出辦事，開車來到一個比較偏遠的地方，等紅燈時想要用手機上網看一下行情，結果那邊的手機收訊不好，無法 3G 上網，於是就作罷。直到我回到辦公室看了一下行情被嚇了一跳，益通已經被拉到漲停板 42.8 元但還沒鎖住，漲停價還掛著不少賣單。

當時我看漲停價 42.8 元掛的賣單還不少就遲疑了一陣子，原本想看一下情形再說，結果一下子就突然冒出數筆大單在 42.8 元漲停板敲進。於是我在漲停快鎖住前，把其中一個原本就準備好要補回 5 張現股的單子趕緊送出，同時再下另一個委託單，以漲停板買進 27 張益通的現股，可是已經來不及了。益通漲停一鎖起來就被上千張的買單封死在漲停板，手上那 27 張漲停板的買單，直到收盤時都排不到我成交，只好回補在隔天開盤價 44.1 元。這次放空自己帳面上曾出現 20 幾萬元的獲利，但最後實際獲利不到 7 萬元（詳見表 1）。

再出現第2次放空益通機會，合計約賺到27萬

第 1 次放空時只賺到零頭 7 萬元（原本會賺的 20 萬元獲利就這麼飛了，多少覺得可惜）。所幸自己出場之後仍持續追蹤益通的狀況，終於又出現第 2 次放空機會。

益通自 2010 年 6 月 15 日漲停板收在 42.8 元後，展開一波反彈走勢，直至 7 月 16 日創反彈以來最高價 54.6 元後，益通的走勢開始陷入盤整。沉悶的走勢到了 8 月初有了變化，融券從 7 月 30 日的 4,490 張增加到 8 月 12 日的 8,605 張，9 個交易日增加 4,414 張。

接著在 8 月 13 日，益通單日融券暴增 5,714 張（詳見圖 3），融券餘額達 1 萬 4,319 張。光這一天融券增加的張數，就幾乎占去當日成交量 1 萬 8,946 張的 1/3，很明顯有特定人士在放空益通。

表1 第1次放空曾有20幾萬獲利，最後卻僅剩不到7萬
——2010年第1次放空益通（3452）成本及損益紀錄表

日期	淨空單增加張數（張）	股價（元）	淨空單累積張數（張）	淨空單平均成本（元）	收盤價（元）	帳面損益（元）	了結損益（元）
2010.05.04	5	57.00	5	57.00	54.80	1萬1,000	
05.11	2	48.90	7	54.70	48.50	4萬3,400	
05.12	3	48.50	10	52.80	48.25	4萬5,500	
05.17	15	44.23	25	47.67	44.00	9萬1,750	
05.24	2	40.25	27	47.12	40.10	18萬9,540	
05.25	1	39.70	28	46.85	37.35	26萬6,000	
05.27	2	38.40	30	46.29	39.50	20萬3,700	
06.09	2	39.05	32	45.96	38.50	23萬8,720	
06.15	-5	42.80	27	45.96	42.80	8萬5,320	1萬5,800
06.17	-27	44.10	0	0	45.75	0	5萬220
總計損益				**6萬6,020**			

整理：羅仲良

預期半年報可能發布利空，進場做空

　　而益通當時沒有籌資計畫，股價也低於 CB 轉換價，這些突然冒出來的大量空單，其意圖放空成分居多，而非為了套利或鎖單。這讓我不禁聯想到 e-stock 網友「會計師」所提到的，益通無形資產可能提列大幅減損這件事。雖然這件事在 2009 年的年報和 2010 年第 1 季的季報裡沒出現，但觀察這些大量空單冒出的時間點可知，益通無形資產大幅提列減損這件事，很可能會出現在 8 月底前要公布的 2010 年半年報裡。而這些融券極可能和我在 2008 年看到的仕欽（已下市）、歌林（已下市）、力特和英誌的空單是相同性質——都是熟知內情的「內

圖3 **2010年半年報公布前，益通融券異常增加**
——益通（3452）日線走勢圖與融券餘額

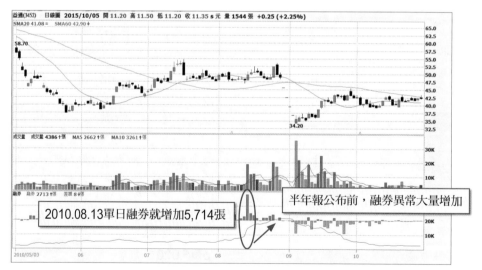

資料來源：XQ 全球贏家　　整理：羅仲良

線空單」。

於是我在 8 月 16 日以 50 元左右融券 25 張益通，同時買進現股 20 張，等於淨空單 5 張再對鎖 20 張，幾天之後又另外買了 100 張益通的認售權證「70310P」（約 12 萬元）。那時雖然心裡知道益通半年報有問題的機率很高，但畢竟自己沒有內線消息，因此只能憑判斷放空。

而根據自己之前力特的放空經驗，知道即使再有把握且真的看對、判斷正確，若放空時不謹慎小心一點，我還是有可能在中間的過程被嚇得半死，甚至還賠錢。於是就先布局淨空單 5 張，並且買進最多只會賠掉權利金的認售權證 12 萬元。那時我心裡想，如果益通的半年報真如預期是大虧，那它的股價應該會出現明顯疲軟下跌的逃命現象，屆時趁著自己的空單獲利擴大時再分批把和空單對鎖的多單賣出，這樣我才不會一下子承受過大的風險。

半年報公布期限逼近，股價表現冷靜

8 月 16 日布空單後，雖然益通股價有小幅下跌但稱不上是疲軟，更稱不上是逃命。到了 8 月 24 日，眼看離半年報公布的期限剩沒幾天就要公布，就在 48.95 元賣掉 2 張多單，累計淨空單 7 張。8 日 25 日益通開盤就很強勢，直衝漲停板 52.4 元。才剛解 2 張多單就轉強，本來小賺一點點的空單，一下子變成虧 2 萬元，還漲停板鎖住，看來隔天開盤還會再衝高，虧損勢必再擴大，心裡多少受到一些影響。

但此時，因為第 1，我的淨空單不算多；第 2，我觀察到所買進的認售權證（70310P）一直有特定買盤，正常狀況下若益通沒什麼跌，我的認售權證應該

不會有什麼獲利,甚至會因為時間價值的流失而賠錢,但我的認售權證從買進之後就一直是處於獲利狀態,顯示那些內線空單不僅現貨要賺,權證也想賺,因此才會一直在市場上買進益通的認售權證;第 3,根據經驗,這類有內線空單的股票本來股價波動就會比較激烈,而且為了布空單和甩轎,在暴跌前也大多都會往上拉,所以 8 月 25 日益通雖然漲停鎖住,但自己的持股信心都還 OK 沒有動搖。

8 月 26 日股價衝高到 53.5 元後開始一路下跌,終場收了個大黑 K,收在 49.8 元。隔天 8 月 27 日,已經是 8 月底前最後一個星期五,離 8 月結束還剩 3 個交易日,但益通股價仍在 50 元附近。當天自己的部位只有沒賺錢的益通淨空單 7 張,雖然空單還沒獲利,但因為部位有點少又快沒時間了,所以這一天我打算再賣一些多單來擴大淨空單的部位。

同時我估計主力為了布空單,也吸收不少多單,照理說來主力應該會趁這 3 天盡量賣掉手上的多單才是。於是就觀察 8 月 27 日益通的走勢,一有多單要落跑的跡象,我就跟著積極賣掉現股,擴大淨空單部位。然而 8 月 27 日這一天益通雖然有跌,但令我十分意外地是主力顯然只有小賣;益通當日盤中跌得很「端莊」,沒有多單逃命的現象。我看它跌得既然這麼「有氣質」,主力手上顯然還有多單,也就只再賣 3 張現股,淨空單部位擴大到 10 張。最後,當天益通收盤只跌了 0.8 元(跌幅約 1.6%)。

財報果然爆利空,賺到4根跌停

8 月 28 日星期六晚上,益通公布半年報,2010 年第 2 季除了本業虧、業外虧之外,也出現了 e-stock 網友「會計師」所預言的:大幅無形資產減損,單季 EPS 為 -12.45 元,1 個季度就狂虧了超過 1 個資本額。

　　當初心中預料可能會發生的事情果真發生了：一方面替手上的 10 張益通淨空單和 100 張認售權證（70310P）的獲利可期感到有點高興；一方面也為自己手上 15 張和多單對鎖無法獲利的空單覺得可惜。但讓自己感到非常奇怪的是，內線空單主力手上應該還有多單沒賣光，怎麼事情就這麼爆發了？總之有驚無險的我又看對了一次！

　　8 月 29 日星期日，雖然益通前一天滿晚才公布第 2 季的獲利，但因為實在虧得太誇張，於是消息開始擴散，電視新聞也陸續開始報導。8 月 30 日一如預期，益通開盤就有大量賣單鎖住在 45.6 元跌停板。我還特意在盤前一張一張分散掛出鎖單用的 15 張多單，但一直到收盤都沒賣掉，接著再連跌 3 根跌停板。

　　9 月 2 日當益通跌到第 4 根跌停板 36.75 元的時候，鎖住跌停的張數大幅度減少，已經沒比融券的張數多出多少張。此外，認售權證也早就漲停打開，雖然仍是上漲的但就不像之前幾天一直是強勢漲停鎖死。益通現股的成交量也同時放大到 900 多張，不像之前只有不到 200 張的窒息量，看來隔天 9 月 3 日跌停打開的機率很大。

　　由於自己本來就是在等益通「無形資產大減損」這個利空引爆，而不是覺得益通會像歌林、仕欽那樣在短期內倒閉，所以我一看到跌停滿有機會於隔天被打開，就打算隔天把空單全數回補，同時也已經開始賣出手中的認售權證。賺了 4 根跌停自己已經很滿足了，至於跌停打開之後是會漲上去還是會再下跌？已經超出我的能力所能判斷。跌停打開後的行情就留給他人去賺吧！

　　9 月 3 日盤前，自己於掛平盤附近回補 10 張益通空單，結果很幸運地，正好

開盤價是當日最低也是跌停價 34.2 元（如果我沒記錯的話，當天就只有開盤的第 1 盤有 34.2 元這個價格）。

最後總計第 2 次放空益通扣掉成本，認售權證獲利 12 萬多元，融券獲利 14 萬多元，兩者合計約賺 27 萬元。獲利金額雖然不如操作榮剛、歌林、佳格或是仕欽，但我卻很高興。因為雖然賺得不夠多、手上還有 15 張對鎖的多單沒出掉也很可惜，但重要的是整個過程我「不貪」，所以能客觀地評估情勢並在 9 月 3 日盤前掛單出場，然後幸運地在獲利最大的點位平倉。冷靜且正確地評估情勢然後出場，這樣的操作過程令我感覺十分地愉快！

心得與檢討

❶**一分耕耘，一分收穫**：自己既非先知也無內線，加上專業度還不夠看出益通有無形資產過於高估的狀況，單純只是選定目標後多做了一點功課並瀏覽了網友發表的文章。就這樣借用了網友的專業觀點，再加上自己之前放空地雷股的經驗，幸運地讓這次的操作成功。對操作標的多做點功課，真的不一樣！

❷**書到用時方恨少**：這次操作成功後重讀之前買的一本書《操盤人教你看財務報表》（劉心陽著），裡面的第 20 章「冷門項目玄機多，無形及其他資產」裡就有提到：「無形資產爭議大認定困難，有的公司就會拿它來做文章虛增淨值。」在放空益通之前我就讀過 2、3 次這本書，但很顯然地沒把它讀透澈，否則就會注意到益通無形資產過高的問題。若能這樣，自己不必借用他人的智慧及專業，自己就可以看出益通無形資產過高的情況。

❸**細心能使荷包更滿**：自己放空益通時，也向「王傑」大哥分享益通有異常的訊息，而在這之前他自己也早已盯上益通。之後他也和我分享一則來自中國的一篇報導，裡面就有提到益通半年報可能有獲利警訊，甚至文章的末段還提到，益通的財報可能會在 8 月最後一個週六、週日公布。但由於沒有仔細看那篇文章，沒注意到文章結尾有提到益通可能公布財報的時間點。God！如果我再細心點，仔細地看完那

篇文章的話，相信在 8 月 27 日星期五當天，自己就會再多賣點多單，就能多賺點！

後來益通第 3 季公布財報時，單季轉虧為盈，每股賺了快 2 元，難怪之前空頭主力手上還有多單也不著急。原來是因為這些主力一方面有恃無恐，另一方面我猜也許是因為不想在財報利空公布的前一天，讓股價表現得過於明顯太著痕跡吧！

❹操作過程有 3 大缺失，宜加強風險控管：

①布局數量的比重前低後高：第 1 次放空仕欽、歌林及力特的這幾次戰役中，我因為無知和貪心，於放空初期就全力衝刺迅速壓滿倉，導致一開始就承受極大的風險。如果行情出現對我不利且波動比較大時，就幾乎沒有什麼抵抗能力，只能坐以待斃。而在第 2 次放空力特及這次第 1 次放空益通，自己則是有點矯枉過正：變成一開始「怕賠得多」，因此布的空單數量不多；等到行情真的如我預期時，又「怕賺得少」，一下子又在某個價位布的空單特別多，反而讓風險特別集中在某個特定價位。如此操作，當個股的走勢若從布空單特別多的價位開始反轉向上漲，那麼即使自己回補的價位比一開始布空的價位低，也還是很有可能會賠錢。

②時間上沒有嚴格執行停利單：第 1 次放空益通時，自己心裡都已經設定好要在42.6 元那個價位做停利，等股價真的來了那個價位，我還猶豫不決，沒有把握立刻下單，結果一下子就漲停鎖死在 42.8 元，只好被迫補在隔天的開盤價 44.1元。如果我立即嚴格執行停利單，就不會損失每股 1.3 元的獲利。

③數量上沒有嚴格執行停利單：第 1 次放空益通時既然都設好停利價位了，於是在打算下停利單的時候就應該準備 32 張空單一次全部全補。而不是像這次先下一筆5 張的委託單，另外的 27 張則有「再看一下情況再說的心態」。結果第 2 筆單子就晚那幾秒丟單，益通就被封死，後面的 27 張空單直到收盤都補不到（情況緊急的時候是分秒必爭，連半點遲疑的時間都沒有）。

❺隨時要盯盤，午飯時也不鬆懈：不曉得主力是不是故意挑中午時段（比較多人會離開自己電腦的時段）發動攻勢？總之，以後手上部位需要隨時盯盤時，即使遇到中午吃飯休息的時段也不能鬆懈。

❻盡可能降低賠錢的風險：經過這次的經驗後，雖然綁約的時間還沒到，但我還是付了違約金，把原本在偏遠地方收訊不好的電信商台灣大哥大換成中華電信。收不到訊號，電話費率再優惠也沒用。即使只有一點點影響，我也要降低我賠錢的風險。

第26站 陷入基本面迷思
抱華立8個月只賺10萬

2011年5月——華立（3010）
**發現不對就出場，而不是等到證明錯時才出場：《幽靈的禮物》一書
提到主動停損的觀念：只要證明自己不是對的就停損或停利，而不是
等到證明自己是錯的發生損失了才做停損、停利。**

　　2010 年 8 月初我再度發現榮剛（5009）值得留意，和 2006 年當時選擇榮剛有所不同；這次除了從基本面和技術面來觀察，也從可轉換公司債（CB）的角度留意到榮剛有上漲潛力。

買進榮剛》基本面轉好、投資風險小

　　榮剛從 2008 年（民國 97 年）第 4 季開始由盈轉虧（詳見圖 1），每月營收也較前一年度衰退。直到 2010 年 1 月，營收衰退的現象才有了好轉，開始呈現成長的態勢；上半年結束後，可以明顯看出榮剛基本面的趨勢開始扭轉：

徵兆1》**虧損縮小**
　　2010 年第 1 季虧損明顯縮小，從上一季的 1 億 1,500 萬元縮小到 2,500 萬元，每股虧 0.08 元。

徵兆2》**營收大幅成長**

觀察2010年4、5、6月的營收更較去年同期大幅成長63%、81%和119%（詳見圖2），本業有很高的機率轉虧為盈。

徵兆3》**季線翻揚**

2010年下半年，60日均線（季線）開始向上翻揚，股價中期趨勢有機會開始向上。另外，當時榮剛有1檔CB「榮剛三」（50093）餘額還有6億元，可於2012年1月26日執行「賣回權」，當時轉換價為21.1元。而2010年8月初，榮剛股價在20元附近震盪，離轉換價很接近。

雖然榮剛在2010年第1季帳上現金4億3,800萬元，小於6億元，但考慮榮剛是長榮集團的公司，而且本業也可望開始轉虧為盈，所以未來這筆公司債

圖1 **榮剛2008年第4季由盈轉虧，2010年開始好轉**
──榮剛（5009）獲利能力分析

季引	營業收入	營業成本	營業毛利	毛利率	營業利益	營益率	業外收支	稅前淨利	稅後淨利
99.2Q	1,827	1,663	164	8.96%	52	2.86%	11	63	37
99.1Q	1,416	1,358	58	4.11%	-47	-3.33%	13	-34	-25
98.4Q	949	980	-31	-3.22%	-96	-10.10%	-52	-148	-115
98.3Q	795	815	-20	-2.55%	-71	-8.94%	-18	-89	-47
98.2Q	984	909	75	7.64%	34	3.41%	-110	-77	-89
98.1Q	1,440	1,449	-10	-0.69%	-107	-7.40%	-30	-137	-109
97.4Q	1,845	1,864	-19	-1.02%	-137	-7.42%	-165	-302	-237
97.3Q	2,892	2,486	406	14.05%	255	8.81%	-9	245	239
97.2Q	2,748	2,280	468	17.03%	302	10.98%	-99	203	100

註：單位為新台幣百萬元　　資料來源：MoneyDJ網站　　整理：羅仲良

圖2 榮剛2010年第2季起月營收大幅成長
——榮剛（5009）月營收明細

年/月	營業收入	月增率	去年同期	年增率	累計營收	年增率	達成率
2010/07	630,240	2.16%	264,426	138.34%	3,873,199	44.11%	--
2010/06	616,906	1.64%	281,032	119.51%	3,242,959	33.83%	--
2010/05	606,963	0.61%	333,622	81.93%	2,626,053	22.59%	--
2010/04	603,276	18.64%	369,070	63.46%	2,019,090	11.64%	--
2010/03	508,479	25.40%	498,694	1.96%	1,415,814	-1.65%	--
2010/02	405,474	-19.21%	485,111	-16.42%	907,335	-3.56%	--
2010/01	501,861	43.49%	455,701	10.13%	501,861	10.13%	--
2009/12	349,748	10.39%	622,653	-43.83%	4,167,498	-58.95%	--
2009/11	316,825	12.04%	571,139	-44.53%	3,817,750	-59.94%	--

註：單位為新台幣千元　　資料來源：MoneyDJ網站　　整理：羅仲良

圖3 2010下半年，榮剛季線向上翻揚
——榮剛（5009）日線走勢圖

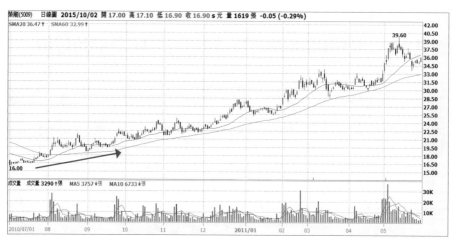

資料來源：XQ全球贏家　　整理：羅仲良

理應不至於違約。但是我也不認為公司派會考慮乖乖地還現金給公司債的購買人，畢竟榮剛手頭上的現金並不充裕，如果都拿去還錢了，營運資金勢必非常吃緊。更何況很多會認購公司債者，都是和公司內部有關係的人，我不認為他們會心甘情願地在持有 2 年後，就心滿意足地用 103 元賣回給公司，賺那點像定存利息一樣低的獲利。

我認為公司派的人在榮剛基本面憋了 1 年多之後，非常有可能會在還沒執行賣回權的 1 年半內，順著業績題材將股價拉起來。一方面可賺股票的價差，一方面能吸引榮剛三的持有人將 CB 轉成現股，避免其他認購人在 2012 年 1 月 26 日執行賣回權，同時讓公司派的認購人能夠實現獲利。

在當時，榮剛的股價交易狀況和市場消息，也很支持我的論點。那時明顯可以看出榮剛盤中的交易狀況，有特定人將股票從左手換給右手，不但買、賣盤的數量都很大，股價也呈現上沖下洗、急漲急跌。榮剛的主力一邊上下洗盤，一邊還利用投顧的力量放消息──很多第四台的投顧老師都在推薦榮剛，邀請全市場的人一起來共襄盛舉。

考量種種跡象，2010 年 8 月榮剛基本面開始翻轉，股價位於轉換價 21.1 元附近買進獲利機率很大、風險很小，於是我開始買進榮剛並持有，直到發現了另一檔股票：半導體材料通路商華立（3010）。

再買進華立》獲利優、技術線型呈多頭

從 2010 年 9 月 3 日開始，當時因為看到華立於 50 元附近，從均線密集糾

結的盤整區突破上漲，呈現多頭排列的線型（詳見圖4）；加上2010年上半年已經繳出每股稅後盈餘（EPS）3.2元的成績，因此在認定風險不大的狀況下，開始買進華立。

面對手上的2檔持股：榮剛和華立，很自然地將這兩個標的拿來比較。榮剛股價約20元上下，2010年上半年EPS為0.04元；華立股價50元左右，2010年上半年EPS為3.2元。兩者的基本面及股價趨勢都呈現「正在向上」，也都算稍有知名度的公司（不是那種很沒基本面的投機股）。

然而華立的資料看起來比榮剛略勝一籌——獲利較榮剛穩健且突出許多。

圖4 2010年9月起，華立線型呈多頭排列
——華立（3010）日線走勢圖

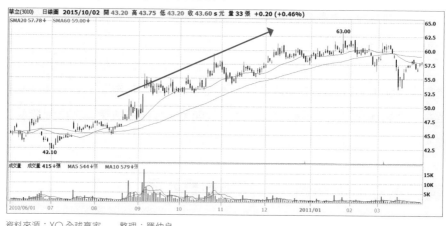

資料來源：XQ全球贏家　　整理：羅仲良

華立基本面突出許多，賣出榮剛轉進華立

華立從來沒虧損過，從 1998 年開始更連續 10 年稅後純益都保持成長，EPS 一直維持在 4 元以上，且從 2005 年至 2007 年，這 3 年的 EPS 更穩住在 6 元以上。直到 2008 年、2009 年金融海嘯期間，其獲利才無可避免地轉為衰退，而讓 EPS 降到 3.2 元及 3.5 元（詳見圖 5）。

2010 年上半年華立稅後純益 7 億 4,200 萬元，EPS 已達 3.2 元。以當時營收還在往上的趨勢看來（詳見圖 6），2010 年的稅後純益，滿有機會超越 2007 年創下的歷史新高：14 億 5,200 萬元，EPS 挑戰 6.7 元以上。至於華立 2011 年的展望：在其他產品線小幅成長，綠能及 LCD 材料產品線可望大幅成長的情形下，獲利趨勢似乎也相當有機會能再創新高—— EPS 上看 7～8 元。

反觀榮剛股價約 20 元，依那時的獲利進度來看，2010 年全年 EPS 頂多能賺 1 元多，2011 年預估 EPS 可達 2 元～ 2.5 元。榮剛和華立兩者相比，除了華立看起來顯然獲利進度較佳、本益比較低（看起來比較划得來），比對歷史獲利成績單後，華立也較優秀穩健。在這種狀況下，於是我把榮剛的持股全都換成華立。當時自己的邏輯是：既然覺得華立最好，就不需要另一個次好的榮剛。在當時的我看來，「把全部資金投注於華立上」的主意，顯然是比「把資金各分一半給華立和榮剛」還要更好。

誤判華立獲利成長，股價漲幅也遠輸榮剛

然而後來的事實證明我錯了。榮剛在 2011 年 5 月，最高漲到 39.6 元，漲

圖5　華立從未虧損，獲利較榮剛出色

榮剛（5009）歷史經營績效表

年度	100	99	98	97	96	95	94	93	92	91	90	89	88	87	86	85	84
加權平均股本	36	31	32	30	30	29	26	22	21	21	23	23	23	23	21	20	14
營業收入	111.0	72.7	41.7	101.5	103.4	71.9	67.1	52.5	33.2	30.8	27.3	26.9	24.2	24.0	21.3	15.8	15.4
稅前盈餘	10.3	2.8	-4.5	4.2	15.5	12.3	12.2	7.7	2.2	2.0	0.8	0.3	-1.5	0.2	-1.0	-1.5	-1.3
稅後純益	9.5	2.5	-3.6	3.0	12.8	9.5	9.3	6.2	1.7	1.4	0.3	0.1	-1.5	0.2	-1.0	-1.4	0.3
每股營收(元)	29.6	23.7	13.6	36.2	34.5	24.3	24.7	21	歷年獲利波動大					10.5	10.4	9.3	7.9	7.7
稅前EPS	2.9	0.9	-1.4	1.4	5.2	4.3	4.8						-0.7	0.1	-0.5	-0.8	-0.9
稅後EPS	2.6	0.8	-1.1	1.0		3.3	3.6	2.9	0.8	0.7	0.1	0.1	-0.7	0.1	-0.5	-0.7	0.2

華立（3010）歷史經營績效表

年度	100	99	98	97	96	95	94	93	92	91	90	89	88	87	86	85	84
加權平均股本	23	23	23	23	22	21	19	18	17	14	11	8	6	4	2	2	1
營業收入	225.0	189.3	129.7	174.2	172.4	132.7	113.5	94.9	79.9	73.5	62.8	58.3	43.9	39.9	34.6	34.7	33.3
稅前盈餘	11.7	16.2	9.6	10.1	18.4	16.7	15.1	12.1	9.4	8.4	6.9	7.0	3.2	2.0	1.1	2.2	2.0
稅後純益	9.5	14.1	8.1	7.3	14.5	13.7	12.2	10.0	7.9	6.5	5.5	5.4	2.5	1.6	0.8	1.7	1.8
每股營收(元)	97.3	81.8	56.0	76.7	79	稅後純益自1998年（民國87年）起連10年成長，2008年因金融海嘯衰退，2009年恢復成長，且未見虧損										216.9	237.7
稅前EPS	5.0	7.0	4.2	4.5	8											13.6	18.5
稅後EPS	4.1	6.1	3.5	3.2	6											10.9	16.7

註：單位為新台幣億元　　資料來源：MoneyDJ 網站　　整理：羅仲良

幅逾 90%；華立從我開始買進的 52.1 元，開始算到 2011 年 1 月 24 日的最高價 63 元，漲幅則只有約 21%，更何況我根本沒賣在最高價。

2011 年 4 月 19 日華立公布 2010 年的年報，EPS 為 6.09 元，低於我原本

圖6 華立2010年下半年營收皆維持年成長
—— 華立（3010）月營收明細

年/月	營業收入	月增率	去年同期	年增率	累計營收	年增率	達成率
2011/01	2,085,181	5.35%	1,385,462	50.50%	2,085,181	50.50%	--
2010/12	1,979,371	12.58%	1,310,838	51.00%	18,928,473	45.99%	--
2010/11	1,758,246	11.35%	1,226,396	43.37%	16,949,102	45.43%	--
2010/10	1,579,045	-5.13%	1,307,519	20.77%	15,190,856	45.67%	--
2010/09	1,664,353	0.73%	1,327,118	25.41%	13,611,811	49.24%	--
2010/08	1,652,319	9.42%	1,200,413	37.65%	11,947,458	53.30%	--
2010/07	1,510,065	-2.54%	1,149,559	31.36%	10,295,139	56.15%	--
2010/06	1,549,395	-2.05%	1,174,181	31.96%	8,785,074	61.38%	--
2010/05	1,581,849	-0.28%	1,003,415	57.65%	7,235,679	69.47%	--

資料來源：MoneyDJ 網站　　整理：羅仲良

預估可以超過歷史最高點 6.7 元的水準。華立 2010 年前 3 季 EPS 就有 5.19 元，平均 1 季 EPS 為 1.73 元，但到年度合計才 6.09 元，等於第 4 季只賺了約 0.9 元。華立公司派指出，2010 年第 4 季因為缺乏前 3 季的處分利益認列（華立 2010 年前 3 季陸續認列台北舊辦公室、轉投資股票等處分利益），再加上因年底員工分紅、獎金等增添費用，使得單季獲利季減幅度逾 5 成，才會導致 EPS 只有約 0.9 元。

即使 2010 年的年報讓人失望，但由於再過 10 幾天就要公布 2011 年第 1 季季報，而華立 2011 年前 3 個月營收相當亮麗，因此讓我有所期待，於是選擇續抱。2011 年 4 月 29 日，華立公布 2011 年第 1 季的季報，EPS 為 1.57 元，較去年同期微幅衰退一點點。原本我預期華立 2011 年第 1 季營收大增並

創下歷史新高，雖然一部分會因代理中國大陸保利鑫的太陽能產品讓毛利率拉不高，但整體獲利應該還是能創下單季歷史新高。然而事實卻不如預期——獲利不但沒創下歷史新高，甚至還比去年同期微幅衰退。

　　當時自己會買華立，主要是預期它在 2010 年和 2011 年的這兩年，不但能重回 1998 年～ 2007 年這 10 年來獲利不斷持續成長的軌道，甚至能讓獲利再創歷史新高。雖然後來華立在 2010 年度及 2011 年第 1 季的營收，的確都是創下歷史新高，但事實證明它的獲利沒能像營收那樣地強勁，反而是沒跟上來。華立差強人意的獲利表現，讓我覺得買進它的理由已不存在，自己能做的事就只有砍掉它。於是 2011 年 5 月 3 日我用開盤價 57.1 元出清華立的持股。

　　後來我統計了一下，持股約 8 個月賺了將近 10 萬元，雖然說「少賺總比賠錢好」，但這樣的投資報酬率對於每個月都透支的我來說，並不算是個好結果。賺得不夠多，讓我的本金因為生活開銷的透支而不進反退。尤其是 2011 年 4 月底我跑去放空洋華（3622），隔沒幾天立刻就被軋 1 根漲停板；雖然當下趕緊執行停損，但依舊賠了 11 萬元。算算不到 1 週的時間，就把我苦等 8 個月的一點點成果全部賠光（詳見第 27 站）！

　　從 2010 年 9 月回補益通之後，直到 2011 年 5 月賣出華立，我的獲利幾近於零，整整空轉了 8 個月，和大盤當時走勢相比，自己的績效真是爛透了！

❶基本面的迷思：雖然接觸 CB 的領域後，讓我學會從另一種角度看待公司派的心態，但仍擺脫不了對基本面根深柢固的迷思，也因此「棄榮剛而擇華立」（若有一半的資金留在榮剛至少績效不會這麼差）。

❷除了判斷錯誤，還敗在一個「懶」字：2006 年的榮剛和 2009 年的佳格經驗，讓我養成一個壞習慣──若已經找到適合重壓的標的，在找新機會的時候就會比較消極一點。事實上 2010 年 9 月～ 2011 年 5 月，其實還是有一些機會相當不錯的標的，但由於自己的懶惰、消極加上判斷錯誤，造就了這 8 個月的白忙一場。

❸主動停損：《幽靈的禮物》一書提到主動停損的觀念：只要證明自己不是對的就停損或停利，而不是等到證明自己是錯的發生損失了才做停損、停利。操作華立我唯一做對的事就是，發現持股理由已經消失時就立即把它全部清倉，而不是指望它後來會更好就抱著期待繼續等下去，這讓我幸運地全身而退，躲過後來的下跌。

❹忽略毛利率下降對獲利的影響：當時華立的獲利雖然恢復成長，但觀察它當時的毛利率只有 11%～ 12%，而且歷年來毛利率的趨勢是持續往下的（詳見下圖），代表它的產品比較無法抵抗市場降價競爭的壓力。雖然毛利率較低也可以靠營收放大來維持獲利的持續成長，但營運風險會較高。例如匯率或其他成本變動個 2%～ 3%，對毛利率有 30% 以上的公司獲利影響不到 1 成，但毛利率只有 10% 的公司對獲利的影響就有可能是 2 成～ 3 成。

華立(3010) 財務比率表(合併財報)(年表)

期別	2014	2013	2012	2011	2010	2009	2008	2007
獲利能力								
營業毛利率	8.96	9.02	9.06	9.04	11.84	12.05	12.34	13.36
營業利益率	3.17	2.96	2.65	3.01	4.34	3.52	4.35	6.78
稅前淨利率	4.42	4.76	4.17	4.32	6.70			
稅後淨利率	3.42	3.60	3.30	3.25	5.45	4.39	3.18	6.37
每股淨值(元)	41.88	38.66	34.75	32.88	32.04	29.76	27.63	29.40
每股營業額(元)	172.44	148.66	136.33	134.94	116.79	83.09	106.84	109.84
每股營業利益(元)	5.46	4.40	3.61	4.06	5.07	2.93	4.65	7.45
每股稅前淨利(元)	7.62	7.08	5.69	5.84	7.83	4.53	4.93	9.06

華立毛利率逐年向下

資料來源：XQ 全球贏家　　整理：羅仲良

第27站

未見好就收
抓對股票卻少賺70萬

2012年1月——洋華（3622）

小心「不甘願」成千古恨：理性思考後應該要保守的撤退，但還是敵不過人性的羈絆而有所期待，看來我還是嫩了點。

　　2011 年 4 月底我觀察到洋華（3622）的股價呈現空頭走勢（詳見圖 1），因為它曾經很風光地站上 500 元，所以當看到它的股價變這麼弱勢時就吸引了我的注意。於是再進一步研究洋華的相關資料，以及當時觸控面板的產業狀況，進而發現洋華是一檔可以放空的標的。其中有幾項觀察資料分析如下：

洋華股價開始走空，發現4大可放空徵兆

徵兆1》技術良率落後

　　在觸控面板的主流技術還是「電阻式」時，洋華的確非常風光，是全球數一數二的領導廠商。在它獲利最強勁的 2009 年，每股稅後盈餘（EPS）達到 22.8 元；2010 年 EPS 也還有 19.76 元，算是高獲利股。但好景不常，當觸控面板的主流技術轉變成「電容式」後，洋華的競爭力迅速被其他同業趕過去，才沒多久的時間，洋華就淪為二線廠商。

圖1 2011年4月發現洋華股價呈空頭走勢
—— 洋華（3622）日線走勢圖

資料來源：XQ 全球贏家　　整理：羅仲良

　　洋華不但沒有能力做出比較高階的 G/G（玻璃式電容觸控面板），只能做出中低階的 G/F（薄膜式電容觸控面板），而且良率還比別人差。加上產品主要以小尺寸手機為主，在當時觸控面板最夯的中尺寸平板電腦這塊餅上，更因為良率問題而搶不到什麼訂單。

　　雖然觸控面板在 2011 年初是非常熱門的產業，但是洋華卻和產業成長的趨勢背道而馳。2011 年前 3 個月的營收不但無法和產業同步成長，反而逆勢從以往的正成長轉變為衰退—— 既比同業廠商表現差也比過去洋華自己的成績差，這充分反映出洋華競爭力正在弱化的趨勢。

圖2 2010年第4季毛利率大幅衰退至20.76%
——洋華（3622）單季合併財務比率

期別	101.2Q	101.1Q	100.4Q	100.3Q	100.2Q	100.1Q	99.4Q	99.3Q
獲利能力	2010年（民國99年）第4季毛利率大幅衰退至20.76%							
營業毛利率	-4.63	7.32	5.67	8.85	13.92	16.02	20.76	29.48
營業利益率	-22.02	-4.58	-3.88	1.31	5.88	7.77	13.13	19.95
稅前淨利率	-20.34	-7.96	-2.5	6.04	3.71	9.1	8.4	19.33
稅後淨利率	-17.07	-6.64	-1.51	5.06	-1.15	7.87	6.95	17.28
每股淨值(元)	65.32	68.17	70.26	69.12	66.8	76.47	74.96	60.05
每股營業額(元)	15.17	16.86	26.63	32.65	26.9	23.84	33.63	33.2
每股營業利益(元)	-3.34	-0.77	-1.03	0.43	1.58	1.85	4.41	6.63
每股稅前淨利(元)	-3.09	-1.35	-0.67	1.98	1	2.29	2.97	6.87
股東權益報酬率	-3.87	-1.62	-0.58	2.43	-0.44	2.61	3.56	10.81
資產報酬率	-3.02	-1.23	-0.41	1.63	-0.31	1.85	2.44	7.27
每股稅後淨利(元)	-2.59	-1.13	-0.4	1.65	-0.3	1.96	2.45	6.12

註：單位為%　資料來源：MoneyDJ網站　整理：羅仲良

徵兆2》**股價不算低**

當時洋華股價約200元上下，若依2010年的EPS 19.76元，本益比約10倍，以觸控面板股來看算是不高。但依洋華已公告的財務資訊可知，2010年第4季的單季合併毛利率，自第3季的29.48%大幅衰退到20.76%（詳見圖2），因此2010年第4季的營收雖然和第3季差不多（詳見圖3），但稅前淨利自第3季的9億1,200萬元降至4億100萬元（有認列2億3,000萬元匯損）。

洋華2011年第1季的營收35億7,900萬元，約為2010年第4季的47億8,000萬元的75%，加上當時電阻式觸控面板的毛利率持續下探，且經濟規

圖3 **2010年第4季起，洋華獲利明顯衰退**
——洋華（3622）單季合併損益表

期別	101.2Q	101.1Q	100.4Q	100.3Q	100.2Q	100.1Q	99.4Q	99.3Q
營業收入淨額	2,285	2,540	3,998	4,902	4,039	3,579	4,780	4,719
營業成本	2,391	2,354	3,771	4,468	3,476	3,005	3,787	3,328
營業毛利						573	992	1,391
聯屬公司間未實現銷貨							0	0
營業費用						295	365	450
營業利益	-503	-116	-155	64	238	278	627	942
稅前淨利	-465	-202	-100	296	150	326	401	912
所得稅費用	-75	-34	-40	48	196	44	69	97
經常利益	-390	-169	-60	248	-46	282	332	815
停業部門損益	0	0	0	0	0	0	0	0
非常項目	0	0	0	0	0	0	0	0
累計影響數	0	0	0	0	0	0	0	0
本期稅後淨利	-389	-169	-60	246	-44	279	330	813

> 2010年（民國99年）第4季與第3季營收差不多，但因毛利大減、營業利益快速衰退

註：單位為新台幣百萬元　　資料來源：MoneyDJ 網站　　整理：羅仲良

模縮小，那時我預估它在 2011 年第 1 季的稅前淨利，應該會低於 2010 年第 4 季稅前淨利的 70% 以下。

粗估洋華 2011 年第 1 季獲利如下：2010 年第 4 季稅前淨利＝4 億 100 萬元＋2 億 3,000 萬元（把匯損加回去較保守）＝6 億 3,100 萬元，所以 2011 年第 1 季的推估稅前淨利的上限為 6 億 3,100 萬元 ×0.7 ≒ 4 億 4,200 萬元。若假設所得稅費用的影響約 10%，則 2011 年第 1 季的稅後淨利為 4 億

4,200 萬元 ×0.9 ≒ 3 億 9,800 萬元。依當時的股本 14 億 2,100 萬元計算，2011 年第 1 季估算的每股 EPS 約為 2.8 元；如果用最粗糙的算法「單季乘以 4」來估算，2011 年全年 EPS 約 11 元～ 12 元。再考量洋華的競爭力相較同業則是愈來愈差，業績也開始由成長轉為衰退，EPS 有可能比預估的 11 元～ 12 元更加滑落。因此，200 元的股價對一間營運成長有疑慮，獲利甚至會衰退的公司而言就不算便宜。

徵兆3》**觸控面板產業產能大幅開出**

那時除了洋華之外，就連它的競爭者（其他觸控面板公司）的資料我幾乎每間都做了研究，所以知道洋華的新進競爭者和既有同業的新產能，在 2011 年下半年都將陸續開出；產能成長率會大於觸控面板產業產值的成長率。大幅開出的產能因為大部分是中低階技術，所以對 F-TPK（3673）這種擁有較高階 G/G 技術的業者影響有限，但對洋華這類同樣以中低階技術為主的二線廠，其造成的影響就很大──產能供過於求，毛利率勢必相對有壓力。

徵兆4》**人事不妙**

當時上網搜尋洋華的相關資料，看到一篇和財報無關，卻相當重要的文章──「請把我們當人看，一個洋華員工的投書」（詳見圖 4）。這篇文章是我在「苦勞網」和「洋華光電產業工會」部落格裡發現的；光看標題，就知道這篇文章的作者，在撰文時是多麼地憤恨，寫了很多洋華人事管理的問題；其中有一段更是點出為何洋華的良率一直拉不高的可能原因。在此節錄如下：

我很希望公司的高層主管，你們能聽見我們的心聲，當你們迎接國際大廠的訂單笑呵呵的時候，你們的員工卻已經快走光了，就是因為你們的主管長期使用高

壓的管理方法……流動率這麼高，新進人員根本來不及訓練，就必須上線，良率自然沒辦法衝高，上面看到了，一個口令下來，管理人員只會：罵罵罵、壓壓壓。長久下來，洋華工作環境充滿了負面情緒，工作累又沒有誘因，也沒有鼓勵，即使是少數忍受留下來的老員工都很不舒服，所以資深的也留不住，就算勉強留下來也無心幫公司訓練新人，看到那麼爛的環境新人當然也留不住，所以就有更多人又離職了。不知道公司高層能不能了解，這是一個恐怖的惡性循環……。

另外，我曾在電視上看到洋華的一群員工，追著洋華的重要客戶宏達電（2498）董事長王雪紅跑。她去哪裡，洋華的員工就跟到那裡，要去抗議洋華經營階層的行為。甚至趁王雪紅正在台上演講時衝上台，硬是在旁邊拉布條抗

圖4 **上網搜尋洋華相關資訊，意外找到員工爆料**
——苦勞網公共論壇

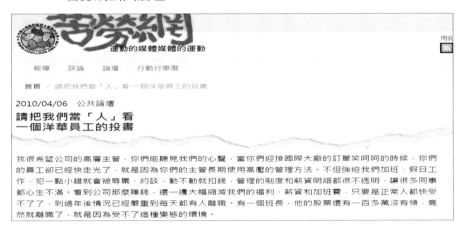

資料來源：苦勞網　　整理：羅仲良

議，現場的保全人員想拉都拉不走。這讓台上的王雪紅非常尷尬、難堪，也丟盡了洋華的面子，當時也讓宏達電因此被媒體貼上「血汗手機」的汙名。

第1次放空洋華，迅速遭軋空虧損11萬元

看完以上這些資訊我才知道，原來洋華風光時超人一等的獲利，是用同樣超人一等的手段來達成的。這下子事情鬧大，以往洋華用來降低人事成本，提高生產效率的「撇步」勢必難再故技重施，人事成本將相較以往上升。加上當時觸控面板產業的變化和洋華自身核心競爭力的低落，種種不利的結構性因素讓我判定，洋華 2011 年的營運展望勢必面臨衰退。如果公司派無法解決技術、良率以及人事等種種不利因素，衰退情形甚至可能延續到 2012 年和之後的日子。

因此在基本面未來的展望向下，股價也向下修正的情況下，我在 2011 年 4 月 22 日（週五），於 199 元附近放空洋華 6 張。隔 1 個營業日，因自覺這次勝算大，又貪心地在 4 月 25 日（週一）以同樣在 199 元附近再加碼放空 2 張，合計 8 張空單部位，市值約 160 萬元。卻沒想到才隔 1 天，4 月 26 日就強拉漲停板鎖死。

因為之前放空力特（3051）、佳必琪（6197）的經驗，讓我不敢再鐵齒地因為個股基本面不好就堅守大量的空單部位，於是 4 月 27 日自己生日那天，就用開盤價 212 元回補這 8 張空單。和洋華交手的第 1 回合（短短 4 個營業日），它就送了我「虧損 11 萬元」的生日大禮，狠狠地砍了我一刀。過了兩天，4 月 29 日洋華公布 2011 年第 1 季財報，毛利率持續衰退至 16%，EPS 則降到 1.96 元，果真比自己預期的還差。但那時我沒有立即重新進場，主要是我想到再過 2、

3 個月，即將要面臨除權息這個會強制融券回補的因素，並非因為第 1 次交手時就賠了 11 萬元而感到害怕。

放空操作本來壓力就比較大、難度也比較高，如果再加上強制回補這個因素存在，勢必對放空操作者會很不利──讓自己在持有融券部位的同時猶如芒刺在背。因此，即使當時覺得放空洋華有利可圖，我也寧願選擇暫時放棄，等到「除權息時，融券強制回補」這個對放空操作非常不利的干擾因素消失後，再行進場，順便也調適一下自己一交手就受挫的心情。

在等待洋華除權息時，我有再試圖操作幾檔股票，冀望多少能創造一些獲利但都無功而返。期間，洋華的跌勢仍舊持續，我只能眼睜睜看著這檔自己想放空的洋華股票下跌，同時也抑制想要進場放空的衝動。

第2次放空洋華，以獲利100萬元出場

2011 年 7 月 25 日終於等到洋華進行除權息，離下一次融券要被迫強制回補要等到 2012 年 4 月，也就是 2012 年召開股東會的前 2 個月，在此之前，我至少有 8 個月以上的時間可以操作洋華，而不用擔心被勒令強制回補。當時我自 2010 年 9 月初結束益通操作以來，績效已經空轉了 11 個月多，雖然操作上沒什麼輸贏，但本金卻因為生活開銷的透支已經失血不少，所以要盡速獲利的壓力愈來愈大。

同時我也觀察到 2011 年 7 月 25 日除權息當日，洋華的融券有小幅異常；當日成交量 3,377 張，單日融券增加 742 張，如果再加上資券互抵（當沖）

掉的券 580 張（詳見圖 5），等於當日有 1,322 張，相當於當日成交量的 39%，將近 4 成的賣單是融券賣出。依據以往放空有主力介入地雷股的經驗，這樣的融券與成交量的比率，有特定主力正在布空單的味道，同時借券餘額也維持在 4,000 多張，算是不小的數量。

財報難看，2011下半年股價走跌順勢加碼放空

於是 2011 年 7 月 27 日，我在股價 136 元布局洋華的空單 6 張，過沒多久洋華展開跌勢，8 月 1 日跌破 130 元、8 月 5 日跳空跌破 120 元、8 月 11 日跌破 100 元直到 8 月 29 日最低跌到 79 元後跌勢暫止（詳見圖 6）。於是自己就順著這波跌勢一路在 8 月 1 日起逐步加碼放空至 8 月 22 日，總共持有洋華的空單 18 張，平均成本約 119 元，帳上獲利約 70 萬元。

8 月 31 日洋華公布半年報，2011 年第 2 季洋華受業外及所得稅費用拖累，單季每股意外地是虧損 0.3 元的成績，上半年累計 EPS 僅 1.57 元。而毛利率因此持續從第 1 季的 16.02% 下降到 13.92%，營業利益連續 4 季呈現衰退。

洋華 2011 年第 2 季的合併營收 40 億 3,900 萬元，較第 1 季的 35 億 7,900 萬元成長 12.8%，原本我考慮因為毛利率下降及所得稅的因素，營收雖然成長、經濟規模增大，但 EPS 還是會較第 1 季 1.96 元的水準衰退，來到 1.4 元～ 1.8 元的區間，卻沒想到洋華不但達不成我預估獲利值的低標，竟然還虧損。

本來洋華跌至 80 元左右已經是跌到我的目標價，原本打算要鳴金收兵獲利了結。一看到洋華半年報的慘況，其營運不但如原先所預期的節節敗退，而且速度還更快，加上我知道其他同業的產能已經正在開出，2011 下半年洋華毛利率下

圖5 2011年除權息日融券大增，有主力布空味道

洋華（3622）2011.07.25借券餘額

股票名稱	融券						借券賣出			
	前日餘額	賣出	買進	現券	今日餘額	限額	前日餘額	賣出	庫存異動	今日餘額
介面	549,000	0	75,000	0	474,000	24,466,484	338,000	0	0	338,000
遠嘉	9,000	0	1,000	0	8,000	10,627,441	3,000	0	-3,000	0
艾笛森	301,000	6,000	26,000	0	281,000	22,200,000	0	0	0	0
力銘	188,000	0	79,000	0	109,000	28,185,765	3,000	0	0	3,000
智易	1,000	0	1,000	0	0	31,515,435				
奕力	0	18,000	0	0	18,000	15,840,086				
宏致	109,000	4,000	2,000	0	111,000	31,006,221	99,000	0		99,000
谷崧	8,000	0	0	0	8,000	28,860,000	177,000	0		177,000
碩天	58,000	0	54,000	2,000	2,000	19,625,750	0	0		0
洋華	0	742,000	0	0	742,000	35,585,500	4,481,000	0		4,481,000
IML	124,000	0	14,000	0	110,000	18,874,645	86,000	0		86,000
健策	64,000	0	7,000	0	57,000	20,849,025	115,000	0		115,000

洋華（3622）2011.07.25融資融券明細

日期	融資							融券						資券相抵
	買進	賣出	現償	餘額	增減	限額	使用率	賣出	買進	券償	餘額	增減	券資比	
100/08/01	886	696	19	14,559	171	35,585	40.91%	371	56	1	1,147	314	7.88%	518
100/07/29	440	350	9	14,388	81	35,585	40.43%	116	34	0	833	82	5.79%	229
100/07/28	339	416	12	14,307	-89	35,585	40.21%	27	103	0	751	-76	5.25%	224
100/07/27	748	446	15	14,396	287	35,585	40.46%	65	209	0	827	-144	5.74%	500
100/07/26	444	244	10	14,109	190	35,585	39.65%	319	90	0	971	229	6.88%	249
100/07/25	1,249	245	5	13,919	999	35,585	39.11%	742	0	0	742	742	5.33%	580
100/07/22	0	705	39	12,920	-744	35,585	36.31%	0	0	0	0	0	0.00%	0
100/07/21	0	320	35	13,664	-355	35,585	38.40%	0	0	0	0	0	0.00%	0
100/07/20	0	391	46	14,019	-437	35,585	39.40%	0	0	0	0	0	0.00%	0
合計融資餘額增減數							-1,211	合計融券餘額增減數						2,506

資料來源：證券交易所、MoneyDJ網站　整理：羅仲良

降的壓力會更大。這下子不要說 2011 年洋華全年的 EPS 達不到 10 元的水準，甚至很有可能連 6 元都不到。

　此外，融券也持續有增無減並且表現異常。融券餘額從 7 月 25 日除完權息的 742 張一路增加到 8 月 24 日的 2,373 張；8 月 25 日單日再增 715 張至 3,088 張，8 月 25 日當日融券總賣出張數 815 張（詳見圖 7），是成交量 1,442 張的 56.5%（將近 6 成）。

　到 8 月 31 日融券餘額再增加到 3,802 張，借券餘額也從 7 月 25 日的 4,481 張增加到 8 月 31 日的 6,555 張（詳見圖 8）。因此我預期洋華股價還有低點

圖6 2011年下半年，洋華股價一路破底
──洋華（3622）日線走勢圖

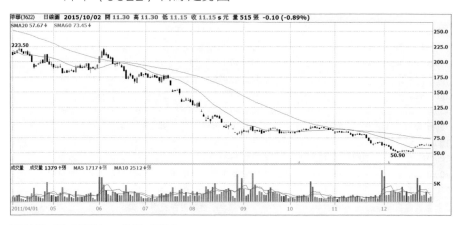

資料來源：XQ 全球贏家　　整理：羅仲良

的可能性很高，目標價也從原先預估可能會跌到 80 元～ 90 元的水準下修到 50 元～ 60 元（以 2011 年 EPS 估 5 元～ 6 元再抓 10 倍本益比）。

當時我心想，反正已有 70 萬元的獲利在手，如果判斷錯誤洋華不跌反漲，大不了把 70 萬元再賠回去後就補掉手邊的空單，最多是白忙一場。但如果我判斷正確——洋華重啟跌勢，除了續抱原本的空單，就再加碼放空，擴大戰果。

2011 年 8 月 29 日創波段低點 79 元之後，洋華開始在 80 元～ 95 元的區間盤整，我也在此時陸續把原本的空單回補，把資金釋放出來再布新的空單並緩步加碼至 24 張。

圖7 2011年8月底，洋華融券明顯增加
——洋華（3622）融資融券明細

| 日期 | 融資 | | | | | | | 融券 | | | | | | 資券 |
	買進	賣出	現償	餘額	增減	限額	使用率	賣出	買進	券償	餘額	增減	券資比	相抵
100/09/02	379	296	2	13,999	81	35,676	39.24%	273	218	0	3,768	55	26.92%	307
100/09/01	742	1,028	4	13,918	-290	35,676	39.01%	375	464	0	3,713	-89	26.68%	865
100/08/31	1,407	1,300	7	14,208	100	35,676	39.83%	1,054	682	0	3,802	372	26.76%	2,247
100/08/30	993	713	4	14,108	276	35,676	39.54%	893	323	0	3,430	570	24.31%	971
100/08/29	1,282	900	119	13,832	263	35,676	38.77%	921	1,227	6	2,860	-312	20.68%	2,891
100/08/26	251	264	145	13,569	-158	35,676	38.03%	280	196	0	3,172	84	23.38%	3
100/08/25	98	281	33	13,727	-216	35,676	38.48%	815	99	1	3,088	715	22.50%	0
100/08/24	638	610	12	13,943	19	35,676	39.08%	655	190	2	2,373	463	17.02%	673
100/08/23	591	797	14	13,924	-223	35,676	39.03%	595	525	0	1,910	70	13.72%	982
合計融資餘額增減數							-771	合計融券餘額增減數						2,498

資料來源：MoneyDJ 網站　　整理：羅仲良

圖8 2011年8月底，洋華借券餘額也大幅增加
——洋華（3622）2011.08.31借券餘額

股票名稱	融券						借券賣出			
	前日餘額	賣出	買進	現券	今日餘額	限額	前日餘額	賣出	庫存異動	今日餘額
智易	12,000	7,000	0	0	19,000	31,522,185	0	0	0	0
奕力	335,000	74,000	49,000	0	360,000	15,840,773	0	0	0	0
宏致	24,000	1,000	0	0	25,000	31,006,221	174,000	8,000	0	182,000
谷崧	14,000	1,000	0	0	15,000	28,860,000	187,000	0	0	187,000
碩天	1,694,000	0	70,000	0	1,624,000	19,627,000	30,000	0	0	30,000
洋華	3,430,000	1,054,000	682,000	0	3,802,000	35,676,375	6,582,000	15,000	-42,000	6,555,000
IML	1,047,000	645,000	94,000	0	1,598,000	18,910,985	112,000	3,000	0	115,000
健策	32,000	0	11,000	4,000	17,000	22,933,765	115,000	0	0	115,000

信用額度總量管制餘額表

資料來源：證券交易所　　整理：羅仲良

2011年第3季財報更差勁，未來看不到希望，繼續加碼放空

10 月 31 日洋華公布財報，2011 年第 3 季稅後淨利 2 億 4,600 萬元，EPS 1.65 元，較第 2 季的稅後虧損 4,400 萬元、EPS -0.3 元，看似大幅進步，但那是認列 1 億 8,200 萬元來自業外匯兌收益後才有的成績。2011 年第 3 季合併營收雖達 49 億元，較第 2 季成長 21%，但代表本業獲利的營業利益卻從第 2 季的 2 億 3,800 萬元，急遽降至 6,400 萬元，衰退 73%；毛利率更從第 2 季的 13.92% 快速下降到 8.85%，僅一季就狂掉 5%，衰退幅度達 36%。

另外觸控面板產業在 2012 年將會開始啟動「單片式玻璃」生產技術的競爭。勝華（已於 2014 年 11 月股票停止買賣、2015 年下市）的單片式玻璃解決

方案 ATT（先進觸控技術），產能已經早先同業一步開出；TPK（宸鴻）的 TOL（單層電容式觸控面板）技術產能預計 2012 年中開出；台、日、韓面板廠 In-cell 技術（一種內嵌式觸控技術）的產能也大部分會在 2012 年中開出。目前主要是用在高階產品的 AMOLED 技術（有別於液晶螢幕需要背光源投射光線，AMOLOD 可自行發光，色彩更鮮豔），2012 年的市占率也預估會有明顯提升。然而洋華從未聽聞它有什麼「單片式玻璃」，還是有其他新技術的解決方案在開發或產能準備開出。也就是說，觸控面板業下一個世代技術的戰爭還沒開戰，洋華就會「未戰先敗」，它連參戰的機會都沒有。

　　如此差勁的財報成績和根本沒有規畫下一世代新技術的基本面，更加堅定我的持股信心，也預期照這樣下去，洋華單季本業虧損的日子已經不遠了。因此 11 月 7 日～9 日，我在 7 元附近再加碼買進洋華的認售權證「04504P」100 張。

　　盤整將近 2 個半月後，洋華於 11 月 11 日下跌 2.7 元，收在 77.8 元，跌破 8 月 29 日的波段低點 79 元。看到它重啟跌勢，11 月 25 日在 65 元附近，我又加碼空單至 30 張，因為權證到期時間接近，而且愈往下跌槓桿效益也就遞減。12 月 8 日我在 9.95 元把 100 張認售權證獲利了結，但在 54 元附近再加碼空單至 48 張。12 月 9 日洋華創波段低點 50.9 元時，我已經獲利約 170 萬～180 萬元左右，算是獲利相當豐厚，但貪勝不知輸的我，在 12 月 14 日再把空單湊滿 50 張。

　　洋華股價跌到 50 元，其實已經跌到我第 2 次目標價區間的下緣，可以說是很好的結果了。但那陣子操作洋華放空太順了，股價一路如入無人之境、勢如破竹地往下跌，一下子就到達我的目標價，加上第 3 季糟糕的獲利表現和毛利率，

以及當時洋華的月營收衰退幅度加劇（詳見圖9），讓我預期第4季洋華的營業利益，非常有可能會從第3季的獲利6,400萬元轉為虧損；如此一來，本來前3季累計EPS為3.22元，就會變成全年EPS不到3元。

而照這種趨勢來看，2012年洋華可能只能一拼損益兩平，甚至全年會陷入虧損。那麼我第2次所設定的50元～60元目標價還高估了，應該要跌到30元～40元，甚至以下才合理，到時候我的戰果可能會擴大到250萬元以上。

2011年底股價開始反彈，分析4因素決定退場

洋華2011年12月9日創波段低點50.9元後，在51元～55元的區間盤整，我就抱著大量的空單等待跌勢重啟。然而12月20日洋華大漲3.6元，漲

圖9 **2011年第3季，洋華單月營收年衰退擴大**
——洋華（3622）月營收明細

年/月	營業收入	月增率	去年同期	年增率	累計營收	年增率	達成率
2011/12	1,051,195	-17.31%	1,230,881	-14.60%	16,518,701	-5.06%	--
2011/11	1,271,268	-24.23%	1,693,230	-24.92%	15,467,506	-4.34%	--
2011/10	1,677,738	0.02%	1,859,893	-9.79%	14,196,238	-1.93%	--
2011/09	1,677,486	1.77%	1,782,527	-5.89%	12,518,500	-0.77%	--
2011/08	1,648,305	4.59%	1,655,264	-0.42%	10,841,014	0.07%	--
2011/07	1,575,949	9.90%	1,291,777	22.00%	9,192,709	0.16%	--
2011/06	1,433,960	16.27%	1,246,420	15.05%	7,616,760	-3.42%	--
2011/05	1,233,331	-10.03%	1,452,812	-15.11%	6,182,801	-6.88%	--
2011/04	1,370,797	-3.36%	1,443,363	-5.03%	4,949,469	-4.58%	--

註：單位為新台幣千元　　資料來源：MoneyDJ網站　　整理：羅仲良

幅 6.86%，收盤價 56.1 元，反而以漲停板展開一波漲勢；12 月 20 日起共 4 個營業日，漲幅 22.47%，從 12 月 19 日收盤的 52.5 元漲到 12 月 23 日的 64.3 元。我的戰果也迅速從 170 幾萬元左右縮水到約 100 萬元。

當時仗著還有 100 萬元的獲利在後面撐著，洋華要讓我賠錢的話，股價就要來到 85 元以上的水準。自己心想，之前洋華在 80 元～95 元的區間盤整了 2 個半月，是經過滿長的時間後才往下跌，80 元對洋華而言應該是如鐵板般漲不上去的壓力點，何況以它單季已經要陷入虧損的爛基本面，應該還沒漲到 80 元前就會再跌回來，重新步入下跌走勢。如此想法讓我因此打算緊抱自己的空單部位，用還有 100 多萬元的獲利當靠山，決定和洋華一拼。

但之後隨著洋華當時在 61 元～66 元的區間盤整，抱著空單的我，在又期待又怕受傷害的情況下，最後因為 4 個因素而退縮了：

1. 洋華和佳必琪一樣，財務體質佳沒有倒閉的疑慮，當時也是財報的空窗期，暫時無法期待會出現對洋華不利的爆點。

2. 當時已經是 2012 年 1 月多了，離 4 月份為了召開股東會而會進行的融券強制回補只剩 3 個月的時間，如果等洋華漲上去後，時間不見得足夠充裕到能讓它跌得比現在的位置更低，加上如果融券回補的時間到了，但位置比現在更高，那我豈不是會很悲情地被迫在不好的價位回補自己的空單。

3. 雖然我一開始心想頂多被軋到 85 元，最多就白玩一場，但如果真的發生這種事，等於自己從 2010 年 9 月益通的操作結束後，白白浪費時間空轉 1 年多。

圖10 2012年1月，洋華借券餘額大幅減少

洋華（3622）2012.01.10借券餘額

股票名稱	融券						借券賣出			
	前日餘額	賣出	買進	現券	今日餘額	限額	前日餘額	賣出	庫存異動	今日餘額
奕力	668,000	58,000	11,000	2,000	713,000	15,854,648	568,000	0	-30,000	538,000
宏致	13,000	3,000	1,000	0	15,000	31,006,221	223,000	0	0	223,000
谷崧	7,000	1,000	0	0	8,000	28,860,750	195,000	0	0	195,000
碩天	89,000	2,000	2,000	20,000	69,000	19,634,000	32,000	0	0	32,000
洋華	3,172,000	56,000	41,000	0	3,187,000	37,582,588	4,247,471	0	-1,220,000	3,027,471
F-IML	234,000	12,000	25,000	0	221,000	17,856,448	128,000	0	0	128,000
健策	161,000	4,000	0	15,000	150,000	25,434,321	223,000	0	0	223,000

洋華（3622）2012.01.17借券餘額

股票名稱	融券						借券賣出			
	前日餘額	賣出	買進	現券	今日餘額	限額	前日餘額	賣出	庫存異動	今日餘額
奕力	866,000	62,000	68,000	1,000	859,000	15,861,273	599,000	10,000	0	609,000
宏致	147,000	30,000	0	0	177,000	31,006,221	202,000	0	0	202,000
谷崧	8,000	1,000	0	0	9,000	28,860,750	195,000	0	0	195,000
碩天	53,000	1,000	6,000	0	48,000	19,729,000	32,000	0	0	32,000
洋華	2,744,000	353,000	76,000	1,000	3,020,000	37,586,713	3,027,471	0	-865,000	2,162,471
F-IML	217,000	12,000	10,000	5,000	214,000	17,859,785	128,000	0	0	128,000
健策	109,000	4,000	2,000	0	111,000	25,434,321	238,000	0	0	238,000

資料來源：證券交易所　　整理：羅仲良

我實在禁不起都已經透支1年多了，最後竟然還在股市裡一無所獲。

4. 當時洋華的借券餘額，已經由較高點的6,000張～7,000張的水準降到4,000多張的水準，尤其2012年1月10日，單日更減少1,220張至約3,000張（詳見圖10），融券餘額也比高點時稍低，已經有空單大量撤退的跡象。我

不知道這麼大量的空單是不是來自內線？但和自己操作同方向的大玩家不玩了，令人感覺不是什麼好徵兆。

多方面評估後，我覺得自己實在是玩不起和洋華硬拼的這場遊戲，所以在2012年1月11日65元～66元附近平掉一半的空單，1月17日借券餘額，單日再減少865張至2,100多張的水準，但我還是有點不死心，因此想留一半的空單抱到過完年，一直撐到1月30日於65元附近才全數平倉所有的空單部位。在我全數平倉的隔一天，1月31日洋華大漲4.5元，股價來到68.9元以漲停板重啟漲勢。吁！真的是好險，就差那麼一天，差點讓自己的戰果又要再縮小。最後以獲利約100萬元結束洋華放空的操作。

心得與檢討

❶ **我又重複犯了第1次放空力特的錯──空單一開始就放空過重**：第1次放空洋華時，自己就空了市值約160萬元的部位，相當於當時操作資金的5成～6成。幾次放空累積下來的經驗是，第1次空單布局最好控制在操作資金的4成以下，之後再視情勢做加碼或撤退會比較恰當。

❷ **第2次放空力特所犯的錯，我這次也又再犯了**：12月8日把認售權證獲利了結後就不應該再換成空單部位。這次和第2次放空力特時一樣，也是在放空放得很順之後，因為起了貪念所以開始變得大膽起來。但結果卻是每次一開始大膽地加碼空頭部位時，就剛好已經是跌勢的末期，然後沒多久就被反彈的漲勢軋空。「加碼」應該要謹慎一點，像是用倒三角的方式──股價愈往下放空加碼就愈保守；而不是股價愈往下，加碼的部位卻愈來愈大膽。

❸ **理性思考後應該要保守的撤退**：有一半的部位延遲到2012年1月30日才平倉，主要就是自己「不甘願」170多萬元的獲利縮水成100多萬元，同時也心存僥倖，期待對我有利的狀況會出現。理性思考後應該要保守的撤退，但還是敵不過人性的羈絆而有所期待，看來我還是嫩了點。

第28站

換股操作
痛失3年漲10倍的飆股

2012年10月——儒鴻（1476）
採花澆野草，錯失超級飆股： 我已經在挖儒鴻這座金礦了，看到鑫永銓可能是座更大的金礦，就迫不及待地跑去挖，卻沒想到儒鴻是檔3年漲10倍以上的超級飆股。

2012年2月初我把上市櫃所有個股的月K線一檔一檔地瀏覽過一遍後，發現了儒鴻（1476）這檔股票。它當時的股價50幾元，位在歷史新高價的附近，吸引我的注意（詳見圖1）。

2012年初，預估儒鴻2011年全年獲利持續成長

進一步查詢它的財務數字發現，它除了2008年金融海嘯那年衰退之外，從2002年（民國91年）起每一年都維持成長（詳見圖2）。金融海嘯後，2009年不但重拾成長軌道，獲利還再創下歷史新高，而且2009年、2010年連續2年稅後純益都爆發性地成長100%。

當時2011年的年報尚未出爐，不過可查詢到2011年前3季，儒鴻累計稅後獲利已達8億4,200萬元、每股稅後盈餘（EPS）約3.99元將近4元的水準。

圖1 **2012年2月儒鴻股價已來到歷史高價附近**
——儒鴻（1476）月線走勢圖

資料來源：XQ全球贏家　　整理：羅仲良

第 3 季單季稅後獲利 4 億 1,900 萬元、EPS 為 1.98 元；同時可查詢到 2011 年第 4 季的營收，約和 2011 年第 3 季的營收相當。再查詢到它的毛利率大概是 20 幾 % 相當不錯，除了 2008 年那年衰退之外，毛利率整體長期的趨勢是呈現穩定向上，營業利益率、股東權益報酬率等數字，也都是相同的向上趨勢（詳見圖 3）。

在 2011 年前 3 季已賺近 4 元，第 4 季營收又和第 3 季營收相當，毛利率也很穩定地長期趨勢向上。2011 年的年報雖然尚未公布，但已可合理推估儒鴻

圖2 除金融海嘯時期，其餘每年獲利皆成長
——儒鴻（1476）歷史績效表

年度	100	99	98	97	96	95	94	93	92	91	90	89	88	87	86	85	84
加權平均股本	21	20	19	19	17	14	11	10	9	9	9	9	9	8	5	2	2
營業收入	107.8	84.5	61.6	66.6	59.5	57.1	57.0	54.1	38.4	33.2	29.7	34.3	33.9	30.2	29.9	25.1	19.8
稅前盈餘	14.4	9.0	5.8	2.9	4.6	4.4	3.7	2.9	1.7	1.2	1.0	1.6	1.7	1.8	1.2	0.8	0.4
稅後純益	11.8	7.6	3.8	1.9	3.3	3.3	2.9	2.2	1.2	0.9	0.7	1.3	1.5	1.5	1.0	0.7	0.3
每股營收(元)	51.1	42.											89.4	37.9	41.2	128.5	101.4
稅前EPS	6.8												2.0	2.2	2.4	4.4	1.8
稅後EPS	5.6	3.8	2.0	1.0	2.0	2.3	2.6	2.3	1.4	1.0	0.8	1.4	1.7	1.8	2.0	3.5	1.6

> 2002年（民國91年）起，除2008年（民國97年）金融海嘯時期，獲利連年成長

註：單位為新台幣億元　資料來源：MoneyDJ 網站　整理：羅仲良

圖3 營業毛利率、股東權益報酬率皆呈向上趨勢
——儒鴻（1476）財務比率合併年表

期別	100	99	98	97	96	95
獲利能力						
營業毛利率	25.18	23.80	24.82	18.84	21.28	21.07
營業利益率	13.59	11.12	10.84	5.42	7.99	7.88
稅前淨利率	13.68	10.81	9.73	4.18	7.19	7.53
稅後淨利率	11.10	8.97	6.11	2.72	5.14	5.66
每股淨值(元)	21.11	18.25	15.77	14.81	15.32	15.28
每股營業額(元)	50.41	42.86	32.01	35.37	32.81	40.44
每股營業利益(元)	6.85	4.77	3.47	1.92	2.62	3.19
每股稅前淨利(元)	6.90	4.64	3.12	1.48	2.61	3.05
股東權益報酬率	29.15	22.85	12.89	6.45	12.21	15.53
資產報酬率	17.91	13.87	7.68	4.20	7.32	8.75
每股稅後淨利(元)	5.60	3.83	1.95	1.02	2.01	2.33

註：單位為 %　資料來源：MoneyDJ 網站　整理：羅仲良

2011 年全年的 EPS 可落在 5 元～ 6 元水準。

儒鴻獲利與毛利率成長，主因是核心競爭力提升

儒鴻的股價合理又表現強勢，基本面營運蒸蒸日上，讓我覺得它值得進一步花更多時間來研究它。我想要找出，它過去獲利不但能夠持續成長、而且毛利率還可以一路向上的原因為何？這些原因是否能持續？成長力道如何？未來 1 年～ 2 年或甚至更長時間可預期的獲利水準為何？

於是我用我蒐集資料的好幫手，Google「儒鴻」、「1476 儒鴻」這些關鍵字。然後土法煉鋼地把搜尋結果一頁一頁地點閱（詳見註 1）。如果有發現我感興趣的資料，例如某券商的研究報告、雜誌的報導、新聞、某部落客對儒鴻的看法，我就會點進去看。再登入我有開戶的券商的網站，看看有沒有儒鴻近期的訪談或研究報告？另外我也到《工商時報》電子版網站去搜尋關鍵字「儒鴻」，結果會出現幾十頁儒鴻歷年來的相關新聞報導，同樣一頁一頁地從最舊的新聞，一路看到最近期的新聞。但我不是每則都仔細看，只有看到有興趣的新聞標題，才會點進去詳閱（詳見註 2）。

註 1：用 Google 搜尋關鍵字這個方法，找出來的資料量相當大，不可能把所有資料都看完。我的使用經驗是大概看到搜尋結果的 100 頁內的程度。像是 2009 年操作佳格（1227）時，就是搜尋關鍵字「多力」、「上海佳格」，看到搜尋結果的第 70 頁～ 80 頁左右，就被我發現大陸食用油達人「余盛」的部落格重要文章。

註 2：我是《工商時報》電子版的長期訂戶，但我不是拿來「看新聞」，而是拿來「查舊聞」。平常我除了偶爾查詢持股或感興趣個股的新聞，並不會每天頻繁閱讀財經新聞。一來沒時間，二來也覺得沒必要。我比較擅長個股研究，持股又非常集中（做多時通常只壓 1 檔），無論主客觀條件，我都只能顧好極少數幾檔已經持有或感興趣的個股；總體經濟或其他多數個股就不是我力所能及的研究範圍，所以寧願放棄以節省精力、時間。

　　我就用上述的這些笨方法，把儒鴻歷年來的新聞、研究報告、雜誌報導、網路文章等等資料硬是把它Ｋ完後查到以下的資料：

　　2001年4月23日，日盛證券研究處研究報告的一張圖表顯示：「儒鴻1997年跨入成衣代工領域，當年度儒鴻針織布營收27億3,700萬元，成衣代工2億4,900萬元。1998年～2000年這3年針織布營收大致持平在26億元的水準，成衣代工的營收則分別為6億5,100萬元、8億300萬元、8億9,500萬元。而毛利率部分，針織布從1995年開始一路從11.99%成長到2000年的17.88%呈現逐年成長的趨勢，成衣當時是純代工OEM（原廠委託製造），毛利率從第1年跨入的24.89%一路下滑至2000年的13.3%呈現逐年衰退的趨勢。」

　　2005年9月29日，《工商時報》記者李水蓮專訪：「這兩年逐漸跳脫OEM代工生產模式，朝向與客戶協同設計，並建立ODM（原廠委託設計製造）代工設計的良好關係。本公司ODM單，占公司年營收的40%。由於曾為Fila、Nike等大廠OEM代工，為維持與服務這些客戶的良好關係，因此專為國際大廠OEM代工的訂單就不涉及設計。」

　　2007年8月16日，《今周刊》張弘昌報導：「儒鴻董事長洪鎮海就特別重視研發，該公司負責研發和設計的員工，每年以2個～3個名額的速度在增加，且必須在各部門都歷練過才夠資格加入，洪鎮海不客氣地指出，『在台灣都無法活下去，而單純靠海外設廠降低成本的企業是無法長久的。』」

　　2007年9月24日，《工商時報》林祝菁專訪：「目前布與成衣的營收比重達到6:4，不是布萎縮而是成衣的成長相當快，預估後年布與成衣將達5：5。」

2007 年 10 月 24 日，《工商時報》李水蓮報導：「目前布的 OEM 與 ODM 各占 20% 與 80%，而成衣的 OEM 與 ODM 各占 70% 與 30%。」

2009 年 10 月 14 日，《工商時報》李水蓮報導：「布 ODM 比率達 90% 以上。專精在流行性、功能性的運動休閒布料與成衣。」

2011 年 1 月 17 日，《自由時報》蔡乙萱專訪：「兩年內 ODM 比重將由去年的 55% 直升至 70% ～ 75%。」

2011 年 8 月 19 日，《工商時報》李麗滿報導：「儒鴻成衣目前年產能約 350 萬打……躋身國內「成衣二哥」，僅次於聚陽……目前儒鴻的訂單不僅滿，是『爆滿』，滿到明年 4 月。因應訂單不斷，公司計畫增加針織布、成衣產能，目前已在越南胡志明廠購二期土地，估計最快 2 年，儒鴻的針織布產量將倍增至每月產能 1,300 萬碼……動工中的越南 E-TOP 成衣廠，也將在 11 月投產，預計有 30 條產線開出，每月能增加 35 萬至 40 萬件產能。」

2011 年 11 月 8 日，《工商時報》李麗滿報導：「儒鴻目前訂單能見度已至明年 6 月……越南新廠明年第 1 季的新添產線亦將全數量產。」

2011 年 11 月 22 日，《工商時報》李麗滿報導：「越南 4 廠新廠 11 月如期投產，預期將增加 2 成～ 3 成新產能……在明年上半年訂單能見度佳的情況下，已著手覓地預計加碼柬埔寨等新廠開發。」

上述列舉的資料只是我查到的一部分，其他更多的資料就不一一贅述。總之根

據我蒐集到的資料顯示，原來過往推動儒鴻逐年獲利、毛利率成長的原因，是儒鴻不斷地增強布料及成衣的設計、生產等能力，讓自己的核心競爭力不斷自我提升，使得布料及成衣 ODM 比重持續增加，而非只是單純運氣好，遇到產業景氣特別好。

看好2012、2013年儒鴻獲利續增，開始布局買進

另外也蒐集到儒鴻當時布的總產能、成衣的總產能、產品 ODM 比率及目前 ODM 比率趨勢向上、擴廠計畫及接單狀況等資料，再加上因為儒鴻的訂單爆滿、業績暢旺。可以合理推估出 2012 年獲利必定可以持續成長及大致的成長幅度，而 2013 年越南二期廠產能開出後，更有機會獲利較 2011 年倍增。

儒鴻股價 50 元出頭，2011 年 EPS 5 元～ 6 元、2012 年業績會持續成長、2013 年獲利有機會倍增，又是極具核心競爭力、而且競爭力還在持續增強的公司。真的要雞蛋裡挑骨頭的話，我當時看到儒鴻唯一的缺點是，它因為不斷擴廠，資金比較吃緊，財務比率中的速動比只有 60% 左右的水準（通常以超過 100% 為佳）。但因為理由正當，儘管知道它有這個缺點，也覺得瑕不掩瑜。所以 2012 年 2 月 6 日～ 2 月 17 日，我在股價 53.7 元～ 56.2 元，陸續買進 62 張儒鴻，均價約 55 元。

以往我操作股票不論結果是賺是賠，通常都會讓我心理上面臨一定強度或極大的壓力，有的操作甚至會讓我心理崩潰。儒鴻因為基本面強勁，我很篤定這筆操作一定會賺，加上買進後它就一路穩定向上漲。我完全沒遇到反向波動造成虧損套牢，或需要等待的狀況，心理上輕鬆又胸有成竹地抱著儒鴻，放任部位獲利一

點一點地增長。中間有時會手癢進出一下，但基本上都維持至少接近 50 張在手，而且通常過沒幾天，都會再把庫存補回原本 62 張左右的水準。

就這樣，持有期間我持續追蹤儒鴻的消息，2012 年 4 月左右儒鴻宣布在柬埔寨將再新增 2 個廠房，其中一個廠房是購併同業舊廠，所以購入後可以立即增添新產能。它的訂單也持續爆滿，能見度大約都有 4 ～ 6 個月以上。除了 2012 年 8 月時為了我自己的資金需求，在股價 75 元附近賣了 6 張，不然基本上我一路都維持 80% ～ 100% 的高持股比率，並抱著參加除權息和現金增資，沒打算要賣。

自認發現更有潛力標的，出清儒鴻換股操作

2012 年 10 月初，財經網站「玩股網」當時的企畫管先生，為了即將出刊的《玩股特刊 2》向我邀稿。我就用我自己在股市裡摸索出來的方法「千 K 選股法」（詳見第 4 篇）找到了輸送帶大廠鑫永銓（2114），當時股價約在 75 元左右。

鑫永銓的基本面和儒鴻一樣長期獲利趨勢向上，還原權值後，股價正結束 1 年多的整理，突破原本的歷史新高價。當時鑫永銓公司派砸下重金投資新產品「矽膠緩衝材料」，這個產品還得過德國紐倫堡發明展金牌獎。我研究過後，評估這項新產品如果成功打開市場，鑫永銓的稅後 EPS 可以從原本 6 元～ 7 元左右的水準大幅成長到 20 元左右。

鑫永銓過往的績效優異，也跟儒鴻一樣是靠實力成長，而不是靠運氣的一間公司。再評估 2012 年鑫永銓當時營收獲利仍在成長，以當時的獲利進度及營收

狀況，2012 年 EPS 應有 7 元以上的水準。買進鑫永銓再怎樣也賠不到哪裡去，風險不高；萬一新產品真的打開市場，股價隨便也可以漲破 300 元以上。

在評估鑫永銓的潛在獲利爆發力比儒鴻大很多後，我寫了一篇文章「不要高科技只要競爭力——2114 鑫永銓」交稿給玩股網的管先生。寫完隔天便決定把儒鴻換成鑫永銓（關於鑫永銓的操作詳見下一站），並在 2012 年 10 月 11 日～12 日這 2 天以 83 元～ 86.7 元出清，歷時 8 個月，包含股利在內，儒鴻這筆操作總共獲利 246 萬元，累積報酬率逾 60%。然而這次換股，卻讓我錯過了後來儒鴻飆漲到 500 元以上的大行情。

心得與檢討

❶ **錯在貪心與過度自信：**我已經在挖儒鴻這座金礦了，看到鑫永銓可能是座更大的金礦，就迫不及待地跑去挖。我以為最多少賺幾十元的價差，卻沒想到儒鴻是檔 3 年漲 10 倍以上的超級飆股。我如果當時再謹慎一點，只換一半的持股到鑫永銓，也不會少賺這麼多。只能說自己還不夠老練成熟，貪心和過於自信，讓我痛失儒鴻這條大魚。

❷ **眼光太狹隘，低估儒鴻發展性：**我當時看儒鴻這檔股票的眼光有點狹隘，我看出儒鴻有業績成長的潛力，但只看到儒鴻這個「點」。我沒注意到儒鴻機能布、機能衣的研發、設計能力算是全球頂尖的公司；當時整個全球成衣產業正吹起一股運動休閒風，像儒鴻實力這麼堅強的公司，營收成長的空間還相當大。我沒有從整個全球成衣產業這個「面」的角度來看儒鴻這間公司，以至於低估了它的成長性。在洋華的操作裡，這點我就做得不錯，我當時做了很多功課去了解整個觸控面板產業的生態、趨勢，了解之後再來看洋華這間公司，就發現以洋華在觸控產業的競爭力，只有向下沉淪這條路而已。

第29站

扎實基本面研究
3回進出獲利420萬

2014年11月——鑫永銓（2114）

前景不明確時不要留戀：我不想一直抱著鑫永銓、期待著不一定會實現的利多，更何況股價漲勢有趨緩疑慮。我寧願未來新產品真的成長趨勢很明確、營收持續放大時，再考慮用更高價買回來。

　　鑫永銓（2114）是台灣最大、全球第 7 大輸送帶廠，當時也是台股橡膠類股獲利王，比橡膠類股資優生世界前 10 大輪胎廠正新（2105）的獲利還優異。除了 2008 年金融風暴那年，從 2004 年（民國 93 年）起每年都維持獲利成長。歷年來的毛利率也一直維持在 23%～26% 的高檔，2012 年前 2 季甚至還提升到 30% 左右的水準，顯示其產品在市場上相當具競爭力。

　　但它成交量少，相關的研究報告、新聞也很少，是檔冷門股。然而擁有這些特質的鑫永銓非常地吸引我。我的選股邏輯有部分深受美國傳奇基金經理人彼得・林區的影響，他在著作裡提過，一些冷門甚至產業很無聊的績優股，反而可能極具投資價值。

　　在我的眼裡，當時的鑫永銓就是這種類型的公司。相較前景看來是如此美好的晶圓代工、LED、智慧型手機、觸控面板等等高科技股，輸送帶是多麼無趣的一

項商品,就一條條醜醜的橡膠帶把東西運過來又運過去,看了就覺得乏味。但鑫永銓就是能夠一年賺得比一年多(詳見圖1),比一些熱門的高科技股獲利及成長性都穩健得多。

第1次買進》預期獲利在2013年Q1爆發,壓進所有資金

當時它的主力產品輸送帶業績仍持續在成長中,又有新產品矽膠緩衝材料預計將在 2013 年第 1 季投產,以新產品規畫的 6 條生產線年產值為新台幣 20 億~30 億元,新產品毛利率 50% 計算。未來可能貢獻鑫永銓每股稅後盈餘(EPS)16 元~ 25 元。加計輸送帶業務原本就有 EPS 達 7 元左右的實力,我估計鑫永銓未來的 EPS 有可能暴增至 23 元~ 32 元。

公司派顯然也很看好這項新產品,不惜砸下重金為這項新產品擴產並成立新的品牌「SILIEET 矽利特」來行銷。股本僅 6 億 1,400 萬元的鑫永銓,為了這個新產品,光是設備就砸下 4 億多元,若加計土地、廠房的投資估計約超過 10 億元,期待這個革命性新產品,能為鑫永銓創造下一個黃金 10 年。

我當時評估就算鑫永銓的新產品不成功,以它舊產品獲利穩健而且還在成長,從 2012 年獲利進度推估 EPS 約有 7 元的水準,我在 75 元買進,風險也不大。就在 2012 年 10 月 11 日~ 12 日將儒鴻(1476)賣出,換成鑫永銓,在 75 元附近重壓,將我所有的絕大部分操作資金都壓上。

期望新產品貢獻業績,買進後營收卻衰退

一開始鑫永銓維持它原本的上漲趨勢,股價穩步向上;營收也持續維持增長,

圖1 鑫永銓獲利自2003年起逐年增加
——鑫永銓（2114）歷史績效表

年度	100	99	98	97	96	95	94	93	92	91	90	89	88	87
加權平均股本	6	6	5	5	5	4	3	3	2	2	1	1	1	1
營業收入	19.7	17.8	13.3	19.1	16.0	17.8	12.9	10.4	6.5	6.3	7.1	5.7	5.3	4.9
稅前盈餘	3.9	3.0	1.8	1.6	2.3	2.9	1.7	0.8	0.2	0.5	0.4	0.4	0.5	0.3
稅後純益	3.7	2.6	1.5	1.2	2.4	2.1	1.4	0.5	0.2	0.6	0.4	0.4	0.2	
每股營收(元)	32.0	29.2	26.6	40.1	35.7	41.7	39.2	38.0	30.1	32.1	50.7	40.6	38.2	46.9
稅前EPS	6.4	5.3	3.6	3.3	5.1	7.3	5.5	3.0	0.9	2.7	2.6	2.6	3.9	2.5
稅後EPS	6.1	4.6	3.0	2.4	5.4	5.3	4.3	2.2	1.1	2.8	2.7	1.3	2.8	2.0

註：單位為新台幣億元　　資料來源：MoneyDJ 網站　　整理：羅仲良

一直都有接近 2 億元的水準。

2013 年公布的 2 月份營收 1 億 2,000 萬元較去年 2 月衰退 23.48%，不過因為 2012 年的農曆春節是在 1 月，而 2013 年的農曆春節是在 2 月，所以這個月的衰退我覺得很正常，所以雖然 4 月 3 日股價創 92.1 元歷史新高價後又陷入盤整，我還是繼續抱著。過了幾天公布 2013 年 3 月份營收 1 億 5,800 萬元，較 2012 年 3 月份衰退約 18%。

心裡雖然安慰自己，「這應該只是單一月份的營運波動，新產品的生產線就快開出來了，營收很快就會放大。」畢竟新產品爆發後可能的獲利太誘人了。我這時還是傾向繼續抱著，不過持股信心已經開始有點動搖，就在 4 月中旬 88 元附

近減碼,讓持股比率從百分之百下降到 8 成多,讓心理壓力小一點。

然而原本預計 2013 年第 1 季投產的新產品矽利特,卻靜悄悄的沒什麼消息。5 月時公布 4 月份營收為 1 億 6,100 萬元又較 2012 年 4 月份 1 億 9,700 萬元衰退 18%,已經連續 3 個月營收衰退,這情形已經不能用正常的營運波動來解釋,所以 5 月 9 日我就打電話到鑫永銓財務部詢問,當時問答內容如下:

問:請問貴公司怎麼最近 3 個月營收都穩定的較去年同期衰退?

答:本公司目前主要的 5 項產品線為重型輸送帶、輕型輸送帶、齒型輸送帶、重型特殊輸送帶、其他橡膠。其中毛利較低的重型輸送帶產品受到印度、中國同業競爭的影響,銷售量較去年同期衰退最嚴重。但本公司毛利較高的產品如齒型輸送帶的產能卻是爆滿的,單子已經排到 2 ~ 3 個月之後。

問:請問貴公司新產品「矽利特」,目前狀況如何?

答:本公司目前矽利特產品共規畫 6 條產品線,PCB(印刷電路板)產業占 3 條,太陽能產業占 2 條,其他工業用品占 1 條。PCB 產業的 2 條產品線已經建構完成,由於較少 PCB 業者使用橡膠片來當熱壓合緩衝片,去年(2012 年)客戶才開始試用,目前要等到 9 月客戶的新產線到位,單子的量才會放出來。太陽能部分有 1 條生產線在 6 月底會完成,這部分則因為太陽能業者使用橡膠片來當熱壓合緩衝片較普遍,測試時間可望比 PCB 廠短。

低階低毛利的舊產品衰退,但是高階高毛利的產品供不應求。加上沒多久公布的 2013 年第 1 季財報,鑫永銓稅後獲利 1 億 1,400 萬元、EPS 為 1.86 元,反倒較 2012 年第 1 季的獲利 8,300 萬元、EPS 1.36 元還成長,讓我安心不

少（扣除匯兌利益後還是小幅成長）。雖然進度延後，但心裡也一直對鑫永銓的新產品營收獲利爆發這個機會有所期待，就決定繼續抱股。

股價轉成空頭排列，動搖抱股念頭

2013 年 6 月鑫永銓跌破原本 86 元～ 88 元的整理區間，以技術分析的角度來看，鑫永銓的短、中、長期的平均移動線開始呈現空頭排列。雖然我主要是以基本分析為進出股票的判斷依據，其他分析工具為輔助。但看到經過一段不短時間整理後，原本糾結的均線開始呈現空頭排列，就覺得有點不太妙。

不久鑫永銓召開股東會，我因為在 5 月份已經電訪過了，就沒再南下去參加股東會。但有一位也有買鑫永銓的讀者朋友李先生，有去參加股東會，他知道我也有買，會後很熱心地寄給我一份股東會議事手冊及其他資料，並且 mail 給我他針對鑫永銓所做的電子檔整理資料。根據他所提供的資料，我得到了幾個資訊：

1. 鑫永銓董事長家族及可控制持股約占鑫永銓 60%。

2. PCB 熱壓合緩衝墊目前仍是送驗階段，若用此新產品，客戶需要調整產線，故很多客戶不願改變。目前積極向有意願改變的 2% 廠商推廣，其他 98% 仍維持使用原先的牛皮紙。

3. 已開發出新產品鋼索輸送帶（之前由三五橡膠公司獨占生產），新產品水壩輸送帶已出貨給台電、台塑。

4. 目前正和福茂開發高分子複合材料，預計 2013 年第 3 季可小量試產。此

產品進入門檻高，目前鑫永銓已打樣 2 件成品，打算送給去年（2012 年）貢獻鑫永銓營收最多的日本吉野公司老闆當 70 歲生日禮物，希望爭取更多訂單。

到了 2013 年 7 月份，因為我已經抱著鑫永銓 8 個多月。這中間 2012 年 10 月時賣掉的儒鴻大漲特漲，鑫永銓卻只是小賺，我已經抱得有點沒耐心，又有點不是滋味。2013 年 7 月 1 日，我發現做 PCB 的敬鵬（2355）可能有機會，就在 81.8 元附近再賣掉 1 成多的鑫永銓，連同可運用的資金，在 45 元附近買進 30 多張敬鵬，此時鑫永銓持股比率約 7 成。

8 月 13 日附近鑫永銓公布第 2 季財報獲利 9,900 萬元、EPS 為 1.61 元。較 2012 年第 2 季獲利 1 億 1,900 萬元、EPS 1.93 元衰退。不過 2013 年上半年累計的獲利 2 億 1,300 萬元，還是比 2012 年上半年的累計獲利 2 億 200 萬元微幅成長。

股價未見起色，出清換股小賺1成多

8 月中旬我在 56 元～57 元把持有的 30 多張敬鵬賣出，大概 1 個半月的時間，連同領到的股息，敬鵬讓我獲利約 40 萬元，資金運用效率比一直抱著鑫永銓要好多了，這也讓我堅守鑫永銓的決定愈來愈動搖。

出清敬鵬的同一天，我再把可運用的資金壓在縫紉機大廠伸興（1558），在 155 元附近買進 10 張。當時會買伸興，是覺得它雖然不像鑫永銓「有可能」獲利大爆發，但它幾乎「很確定」獲利能維持成長。伸興的成長幅度雖然不大，但是趨勢穩健，同時也是很具競爭力的傳統產業公司，正一點一點地在拓展它的市占率。

鑫永銓空頭排列的線型，雖然對獲利影響不大，但一直維持衰退的營收、幾乎沒什麼成長的獲利、遲遲沒進度的新產品，讓我有種進退兩難的感覺。雖然鑫永銓的部位還是小幅獲利的，但鑫永銓對當時的我而言，就像曹操的雞肋一樣「食之無味，棄之可惜」。

而且客觀條件下，我是個必須要靠股票獲利來應付生活透支的人，就算不賠錢只是消耗時間，對我來說也還是種損失。面對雞肋的鑫永銓和有機會獲利伸興，我終於還是決定放棄堅守 10 個月的鑫永銓。8 月 22 日以 78.2 元將部分鑫永銓賣出，在 146 元附近開始買進伸興。8 月 27 日，77.6 元～ 78 元出清剩下不到原來一半部位的鑫永銓，再於 146.5 元再買進伸興。這一次買進鑫永銓的操作，連同股利結算下來獲利約 50 幾萬元，獲利率約 10% 多不到 15%。

抱股 10 個月賺 10 幾 % 從絕對數字看起來好像還不太差，但以當時的感受，我覺得糟透了。因為我付出的代價是同時間原本一樣資金全壓的儒鴻，從 86 元附近大漲 3 倍到 265 元。如果以我原本持有儒鴻的部位，價差達到上千萬元！套句彼得·林區書上的一句話，我這是「採花澆野草」。用中國的俚話來講，我幹了件「拿磚頭砸自己腳」的事。用現代的網路用語，當時決定賣出儒鴻換鑫永銓的我「真是豬一般的隊友」。我有時安慰自己看開一點，有時又想給自己幾巴掌。

第2次買進》發現起漲跡象再進場，2個月後小賠出場

我出清鑫永銓後隔一天，2013 年 8 月 28 日它的股價跌到波段最低點 75.8 元，之後就慢慢回穩在 80 元上下 2 元的區間震盪，並一點一點地緩步墊高股

價。2013 年 12 月 2 日鑫永銓發動一波漲勢，4 個營業日股價從 79.6 元上漲至 12 月 5 日的高點 87.6 元，中間有 2 個營業日成交量大概有 500 張的水準，和平常不到 100 張、最低時甚至只有 1 張～ 20 張的日成交量，明顯大上許多。雖然在此之前，鑫永銓的股價歷史高點是 2013 年 4 月 3 日創下的 92.1 元，但如果把當年度除息的 5 元還原回去，12 月 5 日高點 87.6 元的還息價是 92.6 元，其實已經等於是創下歷史新高價。

我推想，買進股票要付出股款、手續費，還要承擔股價下跌的風險，如果是一般的區間震盪就算了，但如果是一檔平時很冷門的股票，股價回穩後整理了很久，突然間交投熱絡，並且創下歷史新高價，事出必有因。我第 1 次買進鑫永銓抱了段不短的時間，只賺到一些錢，但我卻付出痛失儒鴻這條大魚的代價。一看到鑫永銓有重新啟動漲勢的跡象，如果沒跟到，我會很不甘心，因此我再度決定進場。

但這次我不敢像上次一樣，一下子把資金全壓，於是 12 月 6 日我將部分伸興在 172.5 元～ 175 元賣出，然後在 85.5 元～ 86.6 元先買進 14 張鑫永銓。在我買進之後，這波漲勢戛然而止，股價又慢慢回跌到 80 元附近區間震盪。接下來 2 個月，股價仍一直悄然無息，帳面呈現小幅虧損。

因為第 1 次抱了 10 個月卻只小賺，沒達到我期待的資金運用效率，加上它是毫無原因地創下歷史新高，但營收獲利還是一樣沒起色，在持股信心不足的狀況下，我不確定繼續抱著鑫永銓是對還是錯？擔心這次又可能會白白浪費時間，2014 年 2 月 5 日我把 12 張鑫永銓在 80 元附近先停損出場，虧損金額約 7 萬 5,000 元左右，只留 2 張持股沒賣。

停損後沒多久，我拿到我賣房子的尾款（詳見第 30 站），手上可操作資金增加 360 萬元；加上原本 500 多萬元，操作資金增加到約 900 萬元左右。

第3次買進》仍看好新產品利多，重新建立部位賺420萬

持有時怕浪費時間或虧錢，空手時又怕它上漲沒跟到，但當時手上資金變多，讓我膽子又更壯了點。停損後我還是覺得，2013 年 12 月初莫名其妙地創歷史新高，一定有什麼原因，便在 2014 年 2 月 11 日，在 80.5 元買回 20 張。

2 月 14 日，我的營業員、也是我以前的同事，mail 給我一份元富投顧對鑫永銓的訪談速報（對冷門的鑫永銓而言算很罕見），內容大致上和 2012 年股東會時，網友李先生給我的資料差不多。元富投顧並將鑫永銓評等由「中立」調升為「買進」，預估它基本面衰退的狀況已落底，2014 年可望走出衰退。這天，我在 82 元再買進 10 張，累計持有 32 張。

第 3 次進場後運氣比前兩次好多了，買進沒多久股價開始有比較明顯的漲勢。我緊盯著鑫永銓的走勢，打算股價若能突破前波高價 87.6 元就大舉加碼，如果這回真的是新產品獲利暴衝行情，我要把之前沒賺到的，這次得要狠狠逮住它。

2014 年 2 月 25 日，我看到以前元富證券的長官——元富投顧劉坤錫先生在電視上推薦鑫永銓。他在元富證券裡，研究股票是出了名的用功，分析股票的方式有部分和我類似，也比較偏重基本面分析。對我而言，我覺得他是電視上的分析師、財經專家裡，講話比較有內容、深度、參考性較高的。之前的訪談速報和劉坤錫的推薦，讓我的持股信心又多增加了一些。

再創歷史新高價，用力買進

剛好隔天 2 月 26 日鑫永銓股價上漲，而且成交量大增，我看到交易熱絡而且已經離前波高點 87.6 元不到 2 元，等不及它正式突破，就在當天高點 86 元附近再加碼 12 張，過幾天 3 月 3 日再買 2 張，累計持有 46 張庫存。

2014 年 3 月 13 日鑫永銓股價攻勢再起，隔天 3 月 14 日我在 86.5 元附近加碼 11 張，累計持有 57 張庫存。經過週六、週日休市後隔 1 個營業日，3 月 17 日大漲 4.3 元，正式突破前波歷史高點 87.6 元，收盤價 90.8 元幾乎收在最高點。這個收盤價還原息值後為 95.8 元，等於再度創下歷史新高價，成交量並放大到 980 張，是最近 1 年來的最大量。當天我一看到鑫永銓再度放量創下歷史新高價，便把本來就預計要獲利了結的伸興在 166.5 元出清，並在鑫永銓 89.2 元～91 元的區間，隨著它當日的漲勢一路追價加碼買進 46 張，累積之前的部位，共持有 103 張鑫永銓。3 月 25 日 93.3 元再加碼 1 張，累計持有 104 張鑫永銓，也是我持股最多的時候。

2014 年 3 月底，公告 2013 年稅後獲利 4 億 3,700 萬元、EPS 為 7.11 元，營收雖然較 2012 年衰退 18%，但獲利僅較 2012 年的 4 億 5,800 萬元、EPS 7.46 元小幅衰退 5%。主因是鑫永銓只挑有利潤的訂單接單，策略正確。雖然失去低階產品營收，但用高毛利的高階產品訂單來彌補。之後公告 2014 年 3 月份營收 1 億 5,700 萬元，則和前一年 3 月 1 億 5,800 萬元營收相當，營收有見底回穩的跡象；第 1 季獲利 1 億 800 萬元、EPS 為 1.76 元，則較前一年同期小幅衰退，並沒有特別出色。

2014 年 5 月 6 日股價攻勢再起，這波漲到 5 月 22 日的 118 元後陷入整理。

這期間公告的 2014 年 4 月份營收 1 億 7,500 萬元，較去年同期成長 8.41%，這個月營收開始有步入成長的狀況。之後公布的 5 月份營收 1 億 8,100 萬元，較去年同期成長 20.55%，成長動力更強勁了（詳見圖 2）。

圖2 **2014年4月起，鑫永銓月營收持續成長**
——鑫永銓（2114）月營收明細

年/月	合併營收	月增率	去年同期	年增率	累計營收	年增率
2015/07	155,569	1.48%	192,383	-19.14%	1,120,371	-3.40%
2015/06	153,297	-1.22%	185,199	-17.23%	964,802	-0.28%
2015/05	155,187	-3.39%	181,127	-14.32%	811,505	3.74%
2015/04	160,628	1.62%	175,182	-8.31%	656,318	9.18%
2015/03	158,068	13.36%	157,098	0.62%	495,690	16.37%
2015/02	139,440	-29.64%	125,210	11.36%	337,622	25.57%
2015/01	198,182	2.98%	143,660	37.95%	198,182	37.95%
2014/12	192,441	-6.50%	158,637	21.31%	2,154,168	18.44%
2014/11	205,820	1.80%	147,584	39.46%	1,961,727	18.16%
2014/10	202,183	2.00%	150,876	34.01%	1,755,907	16.08%
2014/09	198,226	1.32%	155,780	27.25%	1,553,724	14.10%
2014/08	195,639	1.69%	155,321	25.96%	1,355,498	12.40%
2014/07	192,383	3.88%	153,804	25.08%	1,159,859	10.39%
2014/06	185,199	2.25%	150,742	22.86%	967,476	7.87%
2014/05	181,127	3.39%	150,245	20.55%	782,277	4.85%
2014/04	175,182	11.51%	161,593	8.41%	601,150	0.89%
2014/03	157,098	25.47%	158,629	-0.97%	425,968	-1.91%
2014/02	125,210	-12.84%	120,616	3.81%	268,870	-2.46%
2014/01	143,660	-9.44%	155,026	-7.33%	143,660	-7.33%

註：單位為新台幣千元　　資料來源：MoneyDJ 網站　　整理：羅仲良

參加鑫永銓五星級的股東會，獲益良多

2014 年 6 月 24 日這天我請假一天，早上 6 點 15 分從桃園市區的租屋處開了 180 幾公里、2 個多小時車程，殺到南投南崗工業區參加鑫永銓股東會，得到以下的收穫和資訊：

1. 無論舊產品的輸送帶業務（低階部分）、新產品的太陽能層壓墊，來自中國廠商的競爭都相當激烈。在品質沒辦法和鑫永銓競爭的狀況下，它們就用低價和可以讓客戶欠帳的方式競爭。也因此新產品太陽能層壓墊這產品因為目前非理性的市況，鑫永銓就觀望暫不切入此市場。而 PCB 熱壓合緩衝墊和 2013 年 5 月電訪時一樣，PCB 廠商不願改變生產方式，進度陷入停滯。

2. 鑫永銓規畫的新產品有好幾樣，看起來最有希望的新產品是高分子複合材料。目前已接到第 1 筆訂單，是 Casio 手錶的錶帶。高分子複合材料的另外一項應用鞋底也已通過認證，但還沒接到訂單（後來有接到羽球第 1 品牌 Yonex 的羽球鞋訂單），鑫永銓已成立新品牌「New Sheet 鑫複材」行銷此新產品業務。

3. 近期營收增加，是舊產品輸送帶——中高階的輕型及齒型輸送帶業績持續增加（此波上漲的主因）。

4. 公司派對股價表現較以往關心，近年來都只配息的鑫永銓今年（2013 年股利，2014 年配發）除了配息 5 元外，還另外配股 1 元，股東會上董事長的解釋是說，鑫永銓股本太小，員工抱怨要買不好買。配 1 元股票讓張數增加、成交量活絡增加市場流動性。我心裡想，鑫永銓的員工才 300 多人，而且裡面絕大多數都是外籍勞工。台灣本地勞工能買掉幾張？這項股利政策，分明是方便

自己和與公司派親近的人士進出，也提高市場對鑫永銓這檔股票的進出意願。

5. 有股東提問，鑫永銓最弱的地方是什麼？董事長回答是「人才」，鑫永銓技術能力很強，但是缺乏能把產品賣出去的專業人才；鑫永銓這些好的新產品，如果能找到適合的人才去推展業務，進展會快上許多。

6. 鑫永銓是間很有效率的公司，以 2103 年報資料，員工 317 人，平均每位員工貢獻營收 1,327 萬元，貢獻獲利 319 萬元。

7. 鑫永銓有能力自行設計生產機器，它們設計好後，為了保密會把零件設計圖分別交給不同的廠商生產，然後再自己組裝起來。因為是自己設計機器，所以生產彈性很大，比較能針對客戶的需求生產客戶要的規格。

8. 認識財經部落格〈賢哥不錯〉的版主賢哥，在股東會前，為了追蹤鑫永銓有看過他的文章，到鑫永銓股東會時才第 1 次見到他本人。他是個很認真的投資人，做筆記做得很詳實，一些文章相當有參考性。

9. 經營階層誠懇實在，無論電訪或股東會當天，面對股東的提問都知無不言、言無不盡。當天我除了全程參加股東會並提問，會後還和其他 7 名～ 8 名股東一起參觀廠區；最後包含我剩下 4 名股東在樣品室和總經理聊天，當天總經理分享了不少他和董事長經營公司、出差的甘苦談。

過程中，董事長有事要外出，還特別來跟我們 4 個小股東打招呼，並和總經理各送我們每人 1 份小禮物。中餐時間，總經理林季祐先生還和代理發言人陳

鴻敦先生各開 1 台 lexus 豪華汽車，載我們去南崗工業區附近的牛肉麵店，請我們 4 位小股東吃牛肉麵。最後離開時，總經理更親自送我們到大門口道別，甚至關心我們路途遙遠，要不要帶罐瓶裝水上路，聽了真是讓人覺得「揪感心 A」。

此行不但蒐集到豐富的資訊，讓我對鑫永銓了解更深入、認識新朋友，還可以受到如此貼心又熱忱的招待，我真的覺得自己參加了一場五星級的股東會。

新產品進度停滯，舊產品再成長有限，見股價偏貴出場

股東會後鑫永銓的營收、股價持續堅挺向上，8 月中旬公布 2014 年第 2 季獲利 1 億 1,500 萬元、EPS 為 1.87 元，較 2013 年同期的 9,900 萬元、EPS 1.61 元成長 10 ％以上。9 月 9 日創下歷史新高價 126 元後再度陷入整理，到 9 月底 10 月初，鑫永銓的股價觸及還原除權息後的 60 日均線。這是鑫永銓從 2014 年 2 月起漲來首次股價觸及這條均線，有點漲勢結束轉趨盤整的味道。

因為我一直有在追蹤鑫永銓最新的消息，所以知道一、二廠（生產輕型及特殊型輸送帶）的產能利用率在 8 月份時已達 90%。而根據去股東會和一直以來蒐集到的資料，我得到以下結論：

1. 低階的重型輸送帶這個產品已經無法恢復往日榮景，已被中國、印度廠商以低價及激烈的競爭手段搶走市場，目前訂單變化不大。

2. 鑫永銓 2014 年此波營收獲利成長和股價上漲，主要來自一、二廠中高階產品對獲利的貢獻，既然目前產能利用率已達 90%，表示營收獲利再繼續成長空間有限。

3. 新產品中的「矽利特」（矽膠緩衝材料）目前進度幾乎陷入停滯，而「鑫複材」（高分子複合材料）有機會，但目前營收規模很小（第 1 筆 Casio 訂單只有 300 萬元），對於未來的成長、對營收獲利的貢獻都還不是很明確，想達到獲利暴衝到 EPS 20 元～ 30 元的期望，短期內不太可能。

以鑫永銓 2014 年預估獲利能較 2013 年成長，但營收再成長有限，2014 年 EPS 頂多接近 8 元。從舊產品如此的營運動能來看，2014 年 9 月底 10 月

圖3 3度進出鑫永銓，最終戰果豐碩
—— 鑫永銓（2114）日線走勢圖

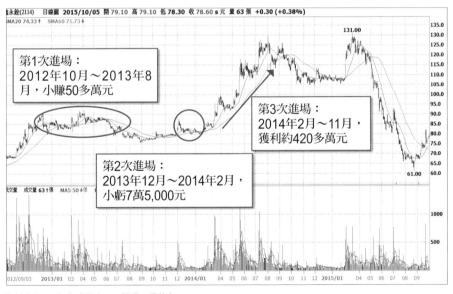

資料來源：XQ 全球贏家　　整理：羅仲良

初除完權息後，約 115 元的股價已經不算便宜；股價會怎麼走，是市場決定，但營運想再更上層樓，要靠新產品的表現。長期而言，新產品或許有機會，但短期之內新產品的貢獻並不確定，我不想再重蹈過去賣掉儒鴻換鑫永銓時所犯下的錯誤。我寧願未來鑫永銓新產品真的成長趨勢很明確、營收持續放大時，我再考慮用更高價把鑫永銓買回來。

這次，我不想一直抱著鑫永銓，期待著不一定會實現的利多，更何況股價漲勢有趨緩疑慮，於是在 2014 年 10 月 2 日～7 日左右，我在 116 元～118 元先賣出一半持股，並找尋下一次的操作機會。直到 11 月 10 日我決定要買進寶雅（5904），便在 111 元附近將剩下一半的持股出清，和原本資金一齊轉進寶雅（操作過程詳見第 31 站）。第 3 次操作鑫永銓，終於獲得比較大的戰果，連同股利在內，這次獲利約 420 多萬元。

心得與檢討

❶對營收有疑慮應立即求證：2013 年 4 月初公布 3 月份營收有疑慮時，就該立刻電訪公司求證，對新產品心存僥倖，拖到 5 月公布 4 月份營收也有疑慮時才打電話，速度慢了點。這次還好，下次也許因為就這 1 個月之差而損失慘重。

❷心理素質應要再成熟，肯定正確的觀念：自己的心理素質還不夠成熟、觀念還不夠正確，才會被鑫永銓新產品這個可能的大利多給迷惑。如果我的這個缺點一直存在，就算這次沒犯錯，下次也很可能在別檔股票犯相同錯誤。知道道理跟記住它是兩回事，這次市場老師給我痛失儒鴻的這鞭實在太重了，我這輩子都會牢牢記住「眾鳥在林不如一鳥在手」的道理。

❸股東會是蒐集個股資訊的絕佳管道：雖然 1 天之內來回奔波近 400 公里，但去參加鑫永銓的股東會去得很值得，得到很多市場上蒐集不到的資訊。我們這些小股東，也只有在股東會這種場合，能讓身價不凡的大老闆們親自回答問題，真的是蒐集個股資訊的絕佳管道。

第30站 看壞房市看好自己 賣房買股票

2013年10月

大膽決定，讓人生有更多可能：現實生活考量加上看壞台灣房市，把錢拿來投入股市，創造更好的資金效率，比起守住房子看它下跌，風險可能更低。

2013 年，我做了一個大膽的決定——賣掉房子租屋，賣房所得資金轉為股市本金。

2013 年 9 月我可愛的三女兒出生，新生命的到來固然讓人喜，但也必須面對隨之而來的現實問題——開銷勢必變大。當時我的操作資金約 500 多萬元，月薪 3 萬元，光是房貸加管理費就幾乎是我薪水的全部。再加上水、電、瓦斯、稅金、一家六口伙食費（老婆的姊姊同住，幫我們帶小孩，另外我們家伙食吃很好）、保險、手機、網路、電話、逢年過節給長輩的禮物紅包、自己的零用金和其他生活開銷跟意外支出（例如不小心被開交通罰單、洗衣機某天早上悲鳴兩聲後掛掉要換新⋯⋯）。

以我們家的生活品質，當時我平均 1 個月大概要透支 7 萬元左右。然而屋漏偏逢連夜雨，我老婆的韓國童裝網路批發生意，因為競爭者眾以及少子化衝擊，

生意愈來愈難做、利潤愈來愈薄，在當時可預見的未來，她收入趨勢是向下的。

開銷變大、收入減少，以我當時的資金規模和薪水，除非我每年操作績效都很優異，否則我們家勢必要被迫降低生活品質，讓我壓力沉重不少。另外，我們所居住的房子，室內連陽台 32 坪多的房子，住 2 個小孩 3 個大人，再加上老婆的童裝貨品已經相當擁擠，平常在家走路已經要左閃右躲像在跳舞，這時再多 1 個小孩的東西，勢必更不夠住。

4理由看壞台灣經濟與房市

另一方面，我評估台灣長期的經濟狀況和房市，未來可能會像過去的日本一樣，失落個 10 年甚至 20 年走長空，主要理由如下：

理由1》**政府短視近利＋政客充斥，國家負債攀升**

「馬」跟「扁」兩個人合起來「騙」跟耽誤台灣 10 幾年，這 10 幾年來，我覺得政府像是隻無頭蒼蠅在施政，一堆短視近利為了選票或是民粹式的政策，缺乏長遠且切合實際的規畫。另外，台灣的政治人物大多數屬於政客型，只管自己當選，猛開一些社福或建設的選舉支票，不管長期而言是不是真的有其必要，或是否會惡化地方或國家的財政體質。台灣負債節節攀升，不僅讓國家財政惡化，也會讓未來的政府治理國家或提振經濟時，手上可運用的籌碼愈來愈少。

理由2》**人才未盡其才、人口減少**

台灣各產業的中高階經理人、工程師、醫生、護士甚至幼兒園老師等等人才，一直被中國大陸、新加坡這些國家挖角。錯誤的教改政策廣開大學之門，讓大

學生素質變差人數又暴增、技職教育崩盤。政府培育一堆人去當白領，最後搞得想當白領的人過剩，能當藍領的人又不足。而「少子化」、「老年化」，讓台灣的人口紅利（詳見註 1）及數量的趨勢惡化。台灣人口紅利預計在 2014 年～2015 年達高峰後開始反轉。以後具生產力、能賺錢的人愈來愈少，花錢的人愈來愈多，已經是不可避免的長期趨勢。全國總人口數預計 2020 年～ 2030 年間也會達到最高峰，然後開始衰退。

理由3》房市恐將供過於求

台灣的房地產沒什麼吸引國際投資人的價值、空屋本來就多、這幾年房市走多頭，建商一直猛蓋房、房價所得比高到離譜。台灣的房價過去幾年可說是推翻供需法則，不合理地一路量價俱增猛漲，但我覺得這種狀況可以持續個幾年，不可能持續到永遠，最後房價還是要回歸市場機制，由供需決定。如同上一段所述，人口減少，需求注定會愈來愈少，房市無可避免地會像日本一樣走向長期空頭。

理由4》宛如龐氏騙局的退休金制度

台灣的國民退休金制度需要改革，已經是人所共知的常識，但因為選票關係，沒有政治人物敢碰，就一直拖著，拖愈久問題愈大就愈難處理。只是，政府不可能坐視這些退休基金一個一個破產，總有一天要處理這件事。所以未來每個人能領到的退休金，只會比現在更差，當然也會影響長期的台灣整體消費力，對經濟並非好事。

註 1：人口紅利是指一個國家有勞動生產力（一般指 15 歲～ 64 歲）的人占多數，需要被撫養的老人和小孩占少數。這樣較高的生產力，較少的扶幼、扶老支出會有較佳的經濟表現。

賣房後，股市操作資金提升到約900萬元

基本上我不是經濟學家，我只是看到以上幾個不利台灣長期經濟與房市的大方向。我考慮的面向不算多也不夠細緻，所以我的推斷也有可能是錯誤的，但是在綜合現實的考量，賣房買股，對當時的我還是相對有利，理由如下：

1. 在房價相對高點賣出，一方面避開下跌風險，一方面增加操作資金規模。降低生活透支對擴大操作資金規模的阻力。

2. 拿繳房貸的錢去租個空間比較大的房子，提升生活品質。

3. 當時政府不顧民意的反對，曾經有打算核四完工後要讓核四商轉，對於一下停工、一下復工安全有疑慮的核四，我實在沒信心。把房子賣一賣，哪天核電廠真的出事了，要搬家也比較沒有顧慮。

4. 就算我對台灣房市長期看空的判斷錯誤，台灣房市仍繼續上漲，我也有自信能把賣房買股這件事變成對的。

當我和老婆商量時，雖然她有點不安，但還是支持我。在得到老婆的支持後，我很快地和仲介簽立委託書，2013 年 10 月開始，出售位在桃園市龜山區的房子。當時父母也有嘗試勸阻我，感慨地說：「別人的孩子都是在找房子要買，我的孩子卻是在賣房子。」我也有解釋，我不是因為沒錢繳房貸才賣房子，我是要把錢拿來投入股市，創造更好的資金效率，比起守住房子看著它下跌，風險可能更低。

2014 年 2 月交屋後拿到尾款，扣掉房貸、仲介費、搬家等雜七雜八的費用，我手上多了 360 萬元可以運用，操作資金規模由 500 多萬元提升到約 900 萬元左右。

我的操作本金一開始是拿家裡給我還房貸的 150 萬元來操作，住了 9 年多賣掉這間房子，等於家裡幫我付這間房子的總金額 230 萬元，都被我拿去做股票，我算是把這間房子利用得淋漓盡致了。我的做法在別人看起來很危險，但我這輩子不想被這間房子給綁死。死守著它，這輩子也許可以保住一間房子；賣掉房子，我卻擁有更多可能。

領先察覺經營危機
果決停利躲過股價修正

2015年6月——寶雅（5904）

持股理由消失就出場：雖然是從快速成長變成慢速成長，但以它目前的股價和獲利，市場應該很有可能會毫不客氣地修正對它股價的評價。

　　2014 年 11 月出清持股後，我持續尋找適合操作的股票，挑出來的股票裡面，寶雅（5904）是其中一檔。這檔股票我從以前挑股票時，它就一直冒出來，但每次都被我刪除掉不考慮。這是因為過去我的選股條件裡有一條規則是，「用最近一年每股稅後盈餘（EPS）計算，目前本益比大於 18 倍，不考慮買進」。

　　我過去挑出來的股票像佳格（1227）、儒鴻（1476）、鑫永銓（2114）、伸興（1558），都是有基本面、當時本益比又低、股價便宜的類型。寶雅一再被我刪除，它卻又一再冒出來，終於引起我的好奇。看了一下它的股價趨勢和獲利狀況，長期以來營運蒸蒸日上，獲利趨勢向上而且夠強勁；股價也和基本面同步向上，一路創歷史新高（詳見圖 1～圖 3）。

　　毛利高、獲利逐年成長、產品和生活息息相關的公司，正是我最喜歡的股票類型。有基本面，又方便追蹤研究，讓我決定要好好研究一下。

圖1 寶雅自2009年以來，獲利逐年走高
——寶雅（5904）歷史績效表

年度	加權平均股本	營業收入	稅前淨利	稅後淨利	每股營收(元)	稅前每股盈餘(元)	稅後每股盈餘(元)
2014	940	9,168	937	772	97.41	9.97	8.22
2013	927	7,249	674	559	78.03	7.27	6.03
2012	913	6,700	522	433	73.12	5.72	4.75
2011	896	6,278	406	336	69.69	4.53	3.76
2010	876	6,118	345	286	69.28	3.94	3.26
2009	726	5,597	260	195	76.61	3.58	2.69
2008	664	4,881	267	204	73.56	4.02	3.08
2007	612	4,097	204	153	63.34	3.33	2.50

資料來源：MoneyDJ 網站　　整理：羅仲良

圖2 寶雅稅後淨利率也逐年成長
——寶雅（5904）財務比率

期別	2014	2013	2012	2011	2010	2009
獲利能力						
營業毛利率	40.48	39.66	35.38	32.62	30.35	28.67
營業利益率	9.76	8.23	6.83	5.70	4.58	4.01
稅前淨利率	10.22	9.30	7.80	6.46	5.64	4.65
稅後淨利率	8.43	7.71	6.47	5.36	4.67	3.49
每股淨值(元)	25.52	21.76	20.15	18.62	17.67	17.58
每股營業額(元)	97.41	78.03	73.12	69.69	69.28	76.61
每股營業利益(元)	9.51	6.42	4.99	3.97	3.18	3.07
每股稅前淨利(元)	9.97	7.27	5.72	4.53	3.94	3.58
股東權益報酬率	34.93	29.30	24.60	20.78	20.10	15.80
資產報酬率	17.53	15.54	13.82	11.33	10.00	7.50
每股稅後淨利(元)	8.22	6.03	4.75	3.76	3.26	2.69
經營績效						
營收成長率	26.46	15.57	6.71	2.61	9.31	14.66
營業利益成長率	49.99	32.91	27.81	27.62	25.00	-5.27
稅前淨利成長率	38.96	31.26	28.74	17.55	32.51	-2.32
稅後淨利成長率	38.22	31.13	28.80	17.67	46.22	-4.26
總資產成長率	22.32	23.10	6.98	3.27	2.64	15.52

資料來源：MoneyDJ 網站　　整理：羅仲良

圖3 2014年11月觀察到寶雅股價正在強勁上漲
——寶雅（5904）週線走勢圖

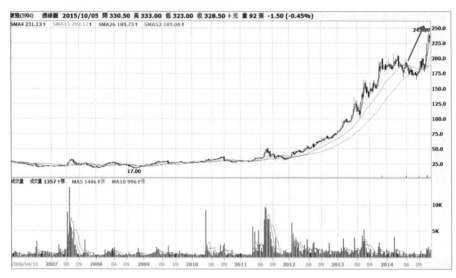

註：統計時間為 2006.04.10 ～ 2014.11.30　　資料來源：XQ 全球贏家　　整理：羅仲良

調查》上網＋親訪，肯定寶雅營運發展

我先用 Google 查到寶雅創業的故事。現任董事長陳建造和太太范美津，原本是美妝雜貨同業美華泰的創辦人，後來移民國外，把美華泰賣給老婆的弟弟范永興。因為住不習慣，3 年後陳建造和太太從國外搬回台灣住，自行創辦寶雅。

過幾年美華泰老闆范永興和他妻子呂青燕離婚後，呂青燕又創辦同類型公司

「名佳美」（已倒閉）。所以「寶雅」、「美華泰」、「名佳美」這 3 間公司系出同門，彼此有親戚關係卻又互相競爭。後來寶雅朝連鎖店發展、2002 年股票上櫃，並善用電腦數據管理，才開始拉大和其他同業的差距（後來知道是總經理女婿陳宗成的功績）。

網路上也有許多女孩子分享逛寶雅的文章，大致上稱讚寶雅動線順暢、光線明亮、空間寬敞（比較不會像屈臣氏堆一堆東西在地上）、標示清楚、有很多零食、可愛的飾品、襪子、保養美體產品、日韓流行的美妝小物、面膜……貨品齊全、選擇性多。看了很多文章可以發現，其中有不少作者在逛寶雅的時候，是處於「失心瘋」的狀態。

我自己也親自跟家人一起好好地逛逛寶雅，發現它有好多台灣或來自異國的零食，看起來都讓人很想吃吃看，還賣很多種類的泡麵（男生只看到吃的），甚至還把泡麵依照國際排名標示上架。我覺得這招很高明，因為如果店家只是進一堆泡麵擺在那裡，不內行的消費者會選得霧煞煞，但是寶雅把它做成排行榜，例如第 1 名是新加坡的○○麵、第 2 名是泰國的○○麵、第 3 名～ 20 名又分別是哪些泡麵。這下子消費者的購買欲望就會大很多，像我就會想把前 10 名都買回家一一吃看看。

另外，我們家幼兒園的老師為了幫小女生綁頭髮，經常需要我幫忙買綁髮用的橡皮筋，這類整理頭髮的東西在寶雅既方便挑選又便宜，各式種類、尺寸、顏色、大小包裝統統有。另外，除了賣一些平價的東西，寶雅也有賣不少較精緻、高單價的商品。例如卡通人物彼得兔，雖然價格稍高，但因為實用可愛又精緻，我自己看了都會心動地想買回家給女兒用。

平價美妝店龍頭，預計持續展店

再到寶雅的官網蒐集資料，大致看了一下公司沿革和歷年展店的紀錄、並到官網的「投資人專區」下載寶雅法人說明會的簡報電子檔來一一閱讀。還有去已開戶的券商找寶雅的研究報告、Google「寶雅」關鍵字看一些平面媒體報導或網路上對這支股票的討論、去《工商時報》電子版調閱近 5 年來寶雅的歷史新聞，做完這些功課後得到以下資訊：

1. 寶雅的主力客戶群鎖定 15 歲～ 49 歲的女性，至 2014 年 11 月初為止全台展店 109 間。

2. 和屈臣氏、康是美只有約 2 成的產品重疊，而且寶雅每間店的坪數一般都比上述兩家大上許多。因為路線不一樣，所以寶雅的發展不會被屈臣氏、康是美這些店數已經很多的藥妝店給限制住。

3. 寶雅主要的對手為美華泰（20 間店分布全台）、A+1（5 間店主要在高雄）、J-mart 佳瑪（10 間店在蘆洲至竹南）、Seasons 四季（10 間店主要在台中地區）。寶雅為台灣美妝雜貨龍頭，規模為第 2 名美華泰的 5 倍～ 6 倍大，遙遙領先其他同業並且為唯一上市櫃公司（以上店數資料為 2014 年 8 月數據）。

4. 全國據點的分布以中南部較多、北部較少，尤其台北市因為店租金較高關係，較不適合寶雅目前的經營模式，目前只開了 1 家。

5. 組織扁平化，沒有區主管，總經理 1 人親力親為對百位店長，這樣總經理對實際營運情形的掌握度較佳，有什麼問題店長可以直接反映給總部。

6. 全面改裝 4 代店，此店型動線較優、產品多樣較好逛，能夠提升同店銷售成長率。

7. 定位為台灣純內需型平價女性百貨通路，較不受景氣影響。景氣不好時，女性會減少高單價商品消費，轉向低單價商品，反而對寶雅有利。

8. 店面只租不買，輕資產策略，展店迅速、獲利較快。

9. 設物流中心降低庫存，此策略能精簡每間店的後勤人員。

10. 店的坪數約 300 坪～ 1,200 坪，每間店商品在 4 萬件以上。

11. 寶雅預估台灣市場每 4 萬人可以支撐 1 間美妝雜貨店營運，全台灣 2,300 萬人，所以市場規模有 575 間店。考慮實際人口分布綢密度等實際狀況打個 7 折，所以全台灣美妝雜貨的市場規模約有 400 間店的空間。2014 年展店目標 110 店，2015 年展店目標 135 店、2018 年 185 店，預計 2023 年寶雅一統台灣美妝雜貨天下，完成展店 400 店目標。

12. 以往走量販低價紅海路線，後來提升高單價質販商品比率，提升獲利能力。

布局》寶雅獲利高成長，搭上股價上漲列車

寶雅 2013 年底的店數是 87 店，至 2014 年 8 月底為 109 店（當時的最新資料）。因為開店時間不一，如果抓個平均值 2014 年的營收獲利大概是由

100 間店貢獻（87 ＋ 109 ＝ 196 再除以 2 ＝ 98，大概抓 100 店）。

以當時已知 2014 年前 3 季獲利為 5 億 7,200 萬元、EPS 為 6.1 元，年底又是一年的旺季來看，2014 年的 EPS 應有 8 元以上的水準。100 間店的規模 EPS 是 8 元，那 400 間店 EPS 就是 32 元。

如果悲觀一點，考慮實際展到 400 店，效益不見得等比例，打個 7 折的話，EPS 是 22.4 元；如果樂觀一點，考慮經濟規模增大、議價能力增強等效益，讓獲利再多增加 40% 的話，EPS 是 44.8 元。

用未來成長算本益比，股價還有上漲潛力

只是，在台灣做得好，不見得能複製到其他國家，在不考慮前進中國的狀況下，台灣地區有機會讓寶雅的 EPS 成長到 22.4 元～ 44.8 元。以這種獲利水準來看，寶雅在我發現它時，約 220 元～ 230 元的股價其實很便宜。以當時的獲利來看寶雅，本益比大概接近 30 倍，看起來很高，但以未來的獲利來看寶雅的「未來本益比」只有 5 倍～ 10 倍其實很低。

如果寶雅真的獲利達到 EPS 45 元的水準，股價很可能漲到 800 元～ 900 元以上甚至破千元，有機會成為未來的傳產股股王。而且我發現它時，股價剛結束長達 1 年多的整理，續創歷史新高價，呈現漲勢發動的狀況，我不必花時間等待，就有機會逮到寶雅的漲勢。

我過去在太陽能類股合晶（6182）、中美晶（5483）給客戶錯誤建議的經驗，讓我知道，股價貴不貴要靠未來的獲利來決定。現在覺得是天價，以未來的獲利

回頭來看，其實有可能是地板價。另外我的選股導師彼得・林區書裡，也有講過對一些有潛力的成長股，只要不過分誇張，他也會用比較偏高的本益比買進。

寶雅 2023 年會不會真的達成展店 400 店目標我不知道，但它當時實際上的展店速度確實一直維持得不錯，並往「2023 年達到 400 店」這個目標前進當中。另外寶雅相對同業而言競爭力強很多，規模也是第 2 名的好幾倍大，光 2015 年 1 年展店目標 25 店，就比第 2 名的美華泰所有店數還多，這樣它的同業要怎麼跟它拼？寶雅看起來真的有機會達成它的目標，獨霸台灣的美妝雜貨產業。

所以這次我決定把「用最近一年 EPS 計算，目前本益比大於 18 倍，不考慮買進」這個限制拿掉，買進目前看起來本益比偏高的寶雅，搭上這班獲利及股價趨勢都正在向上的列車，如果中間出現讓寶雅「2023 年 400 店目標」無法達成的狀況，再根據情勢做調整。

資金全買寶雅，卻遇到過期品事件

我覺得已經做足功課，認定寶雅是目前最適合我、最有機會的個股，於是我在 2014 年 11 月 10 日這天，把當時還有約一半部位的鑫永銓全部賣出，並把所有能動用的錢全部買進寶雅，在 228 元～ 234.5 元買進 50.36 張（有一些多餘但不足買整張的錢就買了零股）。

買進後，寶雅股價大致在我損益兩平、或獲利 10 幾％的範圍內震盪。因為我已經有好幾次抱股的經驗，加上寶雅的成長趨勢很明確，不像前一檔鑫永銓在第 3 次買進時一開始上漲原因不明，所以我一直很有信心地緊抱持股。

不過 2015 年 1 月 7 日寶雅一開盤就突然莫名其妙放量下跌，跌到我的成本價之下。我一開始霧煞煞，後來才知道寶雅被離職員工爆料販賣黑心過期品。當時台灣社會因為頂新集團屢屢被捉到販賣黑心食品，全民抵制頂新集團商品的「滅頂」風氣未減。我當時心想，天呀！該不會也出現個「滅寶」的風氣就慘了。當時心裡雖然有點錯愕震驚，但還是保持冷靜，打算先把狀況搞清楚，再決定下一步要怎麼辦？

評估過期品事件衝擊不大，持股按兵不動

當天我先用 Google，把寶雅所有關於販賣過期品的新聞報導與影片都仔細看過一遍。發現是真的有被抓到販賣過期品沒錯，但那是寶雅台中大墩店全店 4 萬多件商品，被台中衛生局抓到 1 瓶「OLAY 防曬乳液」過期 1 天，店內其他商品都正常。

然後我再到租屋處附近的寶雅桃園南平店「巡視」，結果生意還是一樣好。我跑去跟櫃檯小姐聊天，問她們新聞爆料事件有沒有影響到生意？她們回答沒什麼受影響的感覺，後來我再到桃園另一間大有店去看，情形也一樣。

我因為有被雜誌採訪過，也有上過電視，雖然名氣不大，但還是有幾個粉絲。我跟其中一個住在彰化的邱先生剛好當時互動比較熱絡，就拜託他去家裡或公司附近的寶雅看看有沒有受影響？他回覆我，看了 2 間寶雅的生意，都跟平時一樣好。

我再去網路上看網友對這件事情的評論。台灣許多網友，用詞都很尖酸刻薄；像是我被採訪的報導，底下留言都有一堆罵我、酸我的人，用語都很不客氣。然

而寶雅這件事，雖然也是有人在罵，但相對於「滅頂」的力道和廣度都弱很多。也不像「滅頂」一樣一堆人在 Facebook（臉書）分享、呼籲抵制。偶爾看到幾個回答說：「才1瓶過期1天的乳液，有什麼好大驚小怪！」初步的蒐集資料後，我覺得事情並不是太嚴重，就決定暫時按兵不動。

隔天 2015 年 1 月 8 日有兩則新聞出來，寶雅新竹北門店因為被人檢舉，遭新竹衛生局突擊檢查，全店 4 萬多件商品全無異狀。寶雅台東新生路分店也一樣被人檢舉遭相關人員抽查，也是查無任何違規販賣逾期品或竄改標籤的情形。我隔幾天後再去桃園市的兩家寶雅分店查看，生意一樣毫無異狀。

經我的調查後發現，寶雅的品質控管的確有缺失，畢竟台中大墩店真的被查到 1 瓶過期 1 天的乳液。但台中、新竹、台東這幾間店加起來 1 萬～ 20 萬件商品就只被查到那瓶乳液有問題，也代表寶雅的品質控管至少有相當程度的品質。

仔細評估後，我覺得寶雅頂多被台中衛生局發個文罵一罵，或罰個小錢就沒事了。當時如果情形嚴重，真的形成一股「滅寶」的風氣，那也只好自認倒楣把寶雅的股票停損掉。但既然評估後覺得情況輕微，加上我不想只為了 1 瓶過期 1 天的 OLAY 乳液就把寶雅的股票賣掉，就決定續抱。

出場》因買進理由消失而出清，總獲利638萬

過沒幾天後，寶雅果然沒再出什麼新的狀況，股價也回穩，並持續創下歷史新高價。在抱寶雅的過程中，就這件過期品事件最打擊持股信心，之後抱著它就很容易了。

因為寶雅的營收獲利都很優異，追蹤它的消息都一切正常，股價、成交量也都沒什麼異常地一直穩步向上，股價離我的成本愈來愈遠，我也就心情愉快地續抱持股，看著帳上未實現獲利一步一步擴大。

已實現加帳上獲利，最高曾達800萬

2015 年 5 月 29 日，一向都不漲停，但都一直漲不停的寶雅，這天收盤強攻漲停板收在最高點 388 元，單日上漲 25 元。由於我在抱股的過程中，為了應付生活開銷才會一張一張地賣來花，直到這一天，手上還持有 46.36 張寶雅。這根漲停板讓我帳上出現單日獲利 115 萬元，創下我歷史單日獲利最高紀錄。

6 月 4 日寶雅突破 400 元大關，並創下 402 元歷史新高價，此時我的持股總市值約 1,850 萬元，寶雅已實現加計帳上未實現獲利接近 800 萬元，兩者都達到目前為止的生涯最高紀錄。然而寶雅突破 400 元後沒維持幾天，股價就有點回軟，但因為我瞄準的是更遠大的目標，加上當時並無任何異狀，就繼續抱著沒賣。

從臉書社團發現寶雅人事與經營問題，果斷全數出清

2015 年 6 月 19 日～ 21 日端午節連假，我發現一個叫「靠北寶雅」的臉書社團，我把裡面的發言內容盡可能讀完後，立刻在 6 月 22 日星期一，於 367.5 元～ 370 元間出清寶雅。當時正好接受完《Smart 智富》月刊的採訪，報導即將在 2015 年 7 月刊登，我緊急寫了封 mail 給採訪我的記者，說明我已經出清寶雅以及賣出的原因，大致內容如下：

我端午節時閒閒在家沒事就上網 Google「寶雅」這個關鍵字，然後時間設定「1

個月」、「1週」到處逛網頁。結果發現有個臉書社團叫「靠北寶雅」（我偶爾會這樣查，但這次查詢時「靠北寶雅」排序在比較前面才發現它）。

這個社團主要是寶雅員工吐苦水的社團，重點是寶雅的員工講了很多寶雅人事管理及經營上的問題，包括薪資低、福利差、管理過於數字化、開店速度過快，人才培育的速度跟不上，一些主管都很資淺（基層幹部多但品質不好）、離職率高，不好找人。

其中有個重點，我認為特別嚴重。有位員工指出：「一直開新店開新店開新店，然後問題一堆，開幕就延後延後再延後，然後又是一些資淺資淺再資淺的主管。沒那個屁股就不要一直趕趕趕趕趕趕，我相信一個成功的企業不是用『趕』就能出來的。」

我花了不少時間在這個 FB 社團爬文，之後我去寶雅的官網上看寶雅的公司簡介，在公司沿革的地方，發現寶雅 2014 年 8 月底共開了 109 間分店，然後2015 年 5 月底開了 113 間分店。等於 9 個月的時間寶雅才開了 4 間店，平均 1個月開 0.44 間店。

寶雅 2015 年的年度展店目標是 26 間店，所以達標的速率應該是要每個月開2.16 間店。目前的展店速率只有達標速率的 20%。我之前看寶雅官網公司簡介這頁時，只注意最上方最新的分店數字，它從 2015 年 1 月底後有很長一段時間，一直維持在 110 間店這個數字沒再進步。

因為寶雅展店的速度一直很穩健，我還以為寶雅是忘了更新，就沒去注意這個

問題。看完靠北寶雅的文章再回頭詳細地看寶雅的官網，才發現它人事管理上的病灶，也才發現，寶雅不是忘了更新開店數字，而是真的開不出新店。

我以前在信義房屋上班時，總公司告訴我們的觀念是，信義房屋展店，是「先有店長，然後才有分店」，信義房屋很著重店長的品質。但現在看來寶雅恰恰相反，寶雅的高層是不是只看到數字目標，卻不管是怎麼達成的？甚至可能忽略了店長的數量、品質是不是跟得上？以及員工們是不是不堪負荷？

基本上，我覺得即使管理上真的有這些問題，也不會是寶雅的絕症，只要經營階層肯放下身段，傾聽基層在經營上的建議，並願意把一部分利潤拿出來和員工共享，改善員工薪資、福利、休假等制度。這樣的話，雖然短期會有陣痛，但只要調整一陣子，讓離職率降低、改善在寶雅上班的口碑、修正經營策略上的錯誤、讓人力數量及素質提升，長期而言寶雅還是很有機會朝它的「全台灣 400 店，獨霸台灣美妝市場」的大夢挺進。

但因為我的操作特性比較偏「投機」賺價差，我並不是個「長期投資」的操作者。所以我不想去猜寶雅是否會修正管理制度與薪酬制度，目前可以預見的是，寶雅再幾個月後基本面會嚴重減速。雖然還是會成長，只是從快速成長變成慢速成長（2014 年 8 月底後開店速率急速下降），但以它目前的股價和獲利，市場應該很有可能會毫不客氣地修正對它股價的評價。

等到它以後真的能克服這些問題，基本面重新拾回夠強勁的力道，我會再考慮要不要重新介入，但目前我選擇先出清再說！我持有它是覺得它有機會實現 2023 年展店 400 店、EPS 有機會上看 40 元大關。目前看來，會不會開到 400

店不曉得？但在 2023 年達成，在我自己的判斷，應該是不可能了。我的持股理由消失，所以端午節過後我就立刻出清它，退出觀望並實現獲利。

最後結算，我的寶雅總獲利約 638 萬元，賣出後我的操作資金增加到約 1,700 萬元。雖然和股價 400 元以上時接近 800 萬元的獲利相比，少了 100 多萬元，但我已經相當滿足了！只要有能力，以後還會再找到賺錢的機會。如果沒能力，就算賺錢的機會出現在眼前也看不出來。長期而言，結果大致理想就好，不必苛求每一筆操作都要很完美。

心得與檢討

❶ **先弄清狀況再下判斷**：出現突發事件時，先冷靜並客觀地蒐集相關訊息，弄清楚事情的狀況再下判斷，雖然還是不一定判斷正確，但總比瞎猜或貿然行動好。

❷ **持有股票時仍需做追蹤功課**：我事後追查發現「靠北寶雅」這個臉書社團，是我買進寶雅後約 2 個月，也就是大概在 2015 年 1 月成立的，所以我一開始沒有發現這個社團，後來能夠發現，我算很幸運。但我的幸運也是因為我有做好追蹤寶雅消息的功課，如果沒這樣做，我根本毫無機會發現這個臉書社團。所以股票不是買了之後就沒事了，持有時還是需要做好客觀追蹤的功課。

❸ **有做功課才能預估變化**：後來寶雅 2015 年 8 月份營收，年增率真的只有 5.56%，創下近年來最差紀錄，當時市場上並沒有預測寶雅營收將趨緩的新聞或研究報告。事實證明像我這種散戶操作者，只要願意用點心思做功課，再用一些簡單的邏輯，也有機會可以領先法人準確預估個股的基本面變化。

❹ **盡可能對公司做深入了解，知道財報數字背後意義**：如果沒有進一步追查，怎麼會知道像寶雅財報數字這麼亮麗的公司會有哪些隱憂？只看財報數字就買股票很危險，要盡可能地對該公司做深入的了解，知道財報數字背後的內涵為何才行。

舉個例子，2014 年 2 月初我因為股價強勢、基本面經過新團隊改造後獲利逐年成長的關係，在 30 元附近買進京城銀（2809）。但我後來發現，京城銀獲利逐年

成長的原因，一方面是因為銀行本業競爭力增強，另一方面也是京城銀的新團隊很擅長財務操作。

在2008年金融海嘯後，京城銀低價買進相當大部位的海外債券，後來全世界各個國家為了刺激經濟全面降息，讓京城銀買的那批債券既賺利息又賺價差。到了2014年，當初買的債券已經陸續要到期，而且金融海嘯也不是常常會出現，不見得又有這麼好的投資機會。全球金融市場也已經從降息的趨勢開始轉變，討論是否要升息。

我以為我買到一間體質改善的傳統銀行，後來才知道我買到的是一間體質改善的投資銀行。雖然我自己是靠交易金融商品維生的，但我不希望我買進的股票也是靠交易金融商品來獲利。這樣我還要擔心它的投資績效是否能保持？債券是不是快到期？大環境是不是要降息還是升息？這樣不確定因素太多了，這不是我要的公司，就在接近29元時出清，小虧5萬元。

❺**對自己的股票寬容，市場卻不會對它寬容：** 賣掉寶雅後，有位參加我講座的學員問了一個問題，他說寶雅人事上的問題在我發現它之前就已經存在，之後寶雅的股價並沒有受到這些問題的影響，還是一直漲上去，何必管它有沒有這些問題？反正只要它會漲就好。

我回答說，不知道問題存在就算了，知道了就該做適當的處置，而不是視而不見。你對自己的股票寬容，市場不會對它寬容。你砍股票砍不下去，其他持有者自然會有了解它問題又砍得下去的人。我買它是冀望它一路成長強勁，而不該是過幾個月後就成長趨緩。就算我賣了之後，它又一路往上漲，我還是會覺得自己賣得對，因為它已經不是我要的股票。

第32站

資金達1500萬
挑戰專業投資人之路

2015年6月

拜市場為師努力學習： 我仍然有許多改進空間，在股市裡只有市場才是老師，我永遠都只是個以市場為師的股市學生。

我從接觸股票後就一直有個夢想，想成為一個成功的專業投資人，實現財富自由、時間自由。除了足夠的能力之外，當然也要有足夠的金錢才能挑戰這個夢想。

在我大學時，我覺得有 300 萬元應該夠了；結了婚開始扛房貸後，我覺得需要 500 萬元；生了我可愛的雙胞胎女兒後，我覺得需要 1,000 萬元才夠。在第 3 個女兒出生、大的 2 個女兒又參加一堆才藝班，開銷愈來愈大後，我覺得需要 1,500 萬元才夠。等寶雅（5904）漲到 300 多元以上，我真的有 1,500 萬元時，我看了看自己記的支出帳，看到每個月都透支這麼多後，又考慮再調高我的標準，想等到資金到達 2,000 萬元時，再挑戰我的這個夢想。

薪水占股市獲利比重愈來愈小

但隨著股票獲利增長，工作薪水占我收入的比重愈來愈低，它卻占去我絕大部

分的時間。我每天的上班時間是早上 8 點 30 分到晚上 6 點 15 分左右,如果有家長晚到,就必須等到家長來我才能下班。甚至以前我在桃園市龜山區的房子還沒賣掉時,有家長從事科技業,通常加班到比較晚,我不時還需要把小朋友帶回家裡照顧到晚上 8、9 點。週末六、日有時還要去研習、參加幼兒園的活動,或是有工人來維修時要去監工。

　　雖然幼兒園是自己家裡開的,跟在外面上班相比,我已經相對自由;有研究股票的需求時,也可以暫時擱置工作,直接在辦公室上網看盤或研究股票。但這份工作還是會壓縮我研究股票的時間,影響我的生活品質。另外父親生病,且病情愈來愈惡化,臨時需要就醫的次數愈來愈頻繁,行動能力也每下愈況,需要有人接送。平常我跟母親都在忙幼兒園的工作,哥哥的事業也正在起步打拼的階段。我看這樣下去不行,再加上資金已經達到自己設定的 1,500 萬元標準,因此我不再等下去,請了一位行政小姐來接手我在幼兒園的工作,而我則變成幼兒園義工,還是會視情況幫忙,但是不領薪水,並且在 2015 年 6 月初開始挑戰成為一個成功的專業投資人這個夢想。

　　成為「專業投資人」和成為一個「成功的專業投資人」是兩回事,有一筆錢加上勇氣就可以成為前者,問題是能撐多久?會不會被這個市場淘汰?此刻,我認為資金規模、心理素質、市場經驗、交易技巧,都是我這輩子最有機會可以挑戰成功的時候。

不忘謙虛謹慎,繼續精進投資

　　但我也知道自己還有許多不足之處,金融風暴時在網路上認識的可轉換公司債

（CB）實戰高手王傑，他分享給我他的 CB 操作技巧有 7 種：①純套利、②做多 CB、③賣回操作、④動態套利、⑤捨去 CB 只做多股票、⑥捨去 CB 只做空股票、⑦用 CB 知識挖地雷股。我懂得這些方法的操作邏輯，但實戰上我只用過第 2 招──做多 CB（如訊聯一，詳見第 21 站），以及第 5 招──捨去 CB 只做多股票（如 2010 年 8 月時買榮剛，詳見第 26 站）而且次數不多，第 7 招──用 CB 知識挖地雷股，在操作歌林這檔算是有沾上一點邊。未來我希望能再多幾次 CB 的實戰經驗，並使用其他沒用過的 CB 操作技巧，相信一定會讓我更進步、更熟悉這種金融商品。

另外，即使我有過幾次成功的放空經驗，但我還是覺得放空操作很難，還是有好幾次做空失敗的虧損經驗。有時操作很順利像個絕世高手，有時卻一再重複同樣的錯誤，在慌亂恐懼之下回補空單做停損。

若是做多股票，當一家好公司有基本面，長期獲利趨勢向上、股價也合理，閉著眼睛死抱著就對，反正不管中間怎樣震盪，最後就是會漲上去。即使被套住，只要是用現股買進，沒人能逼你賣。因為有基本面，長期營運趨勢向上，又能配發股息股利，被套住了也不會怕。

但放空股票卻不是這麼回事，基本面再爛、股價再不合理高估的公司，它就是有可能會漲到離譜再離譜的高價，或是進行一個比較大的反彈把你軋死。只要漲幅夠大，除非你有無窮盡的資金可以當保證金，不然當維持率降低時，就會有壓力逼迫自己要回補空單，或被券商直接斷頭強制出場。

放空股票，股價最後可能真的如你所判斷而慘跌，但在過程中，你也許先承受

不住短線波動而自己停損,或先被軋空軋死在市場上;所以除了看對之外,行動的時機也很重要。另外還要克服每一年在股東會和除權息時,有 2 次會被強制回補空單的限制;有時候有些股票平盤之下不可放空,或是找到適合放空的股票,但不見得有券源可以讓你放空。

　放空時的心理壓力、需要盯盤的時間,會是做多時的好幾倍;對於心理素質、資金控管的要求門檻更高。關於放空操作,我有想過幾個可能可以克服上述問題的解決辦法,但還需要更多次的放空實戰來做驗證跟調整。

　我曾被一些財經雜誌邀請開講座,分享我的操作技巧及心得,課堂上不少學員都會叫我「老師」。但我自己心裡知道,那只是社會上的一種禮貌性的稱呼,在股市裡,只有市場才是老師,我永遠都只是個以市場為師的股市學生。

　以往我曾犯下許多錯誤,所幸我一直能反省,並且「化愚蠢為力量」讓自己進步。期待未來的我,仍能保持這種好習慣,做錯時永遠檢討自己,而不是為失敗找藉口;做對時心存感恩、不驕傲,並思考出更好的做法。只要能一直保持這種檢討自己且謙虛謹慎的態度,我想沒有意外的話,我應該能順利達成夢想(只是人生似乎還滿常會有意外的)。盡力去做,其他的交給老天爺去決定吧!加油!

PART
4

千K選股法
4步驟找最佳標的

技術分析
逐一瀏覽K線圖
初步海選價格強勢股

第1步

第3步 **選股技巧**
聚焦能力圈
精選適合自己的優質股

第4步 **綜合分析**
逛賣場、試產品
多元管道預測未來獲利

第2步 **財務分析**
看稅後淨利
挑獲利穩健成長標的

第1步

技術分析》
逐一瀏覽K線圖
初步海選價格強勢股

　　台股上市、上櫃有上千家公司，市場上充斥的訊息多到爆炸。即使是擁有幾十個研究員的法人團隊，也不可能追蹤研究每一檔個股，何況是我這種要工作又有家庭要顧的上班族。

　　在薪水有限需要另闢財源、研究股票的時間也有限的狀況下，我被逼得摸索出一套能在股市中獲利、又適合自己的操作方式，幫助我應付生活上的開銷並累積資產。因為這套方法的第1個步驟，是從台股第1檔股票台泥（1101）開始，一檔一檔瀏覽每一家公司的K線圖，一直到最後一家，再把表現特別（股價強勢、弱勢、融資券增減異常……）的個股挑選出來，然後才做比較深入的研究及分析以節省時間，所以我把它取名叫「千K選股法」。

　　千K選股法在實戰上，我做多、做空都有用過，不過如同前文所說，我覺得自己的放空操作還沒有掌握得很好，儘管做多操作也還不夠完美，但相較之下發展得比較成熟，所以這篇只講做多的部分。未來千K選股法的放空及可轉換公司債（CB）操作，當我相關的實戰經驗更純熟時，會再和大家做比較有系統的分享。

利用千 K 選股法做多，我大致上用以下 4 個步驟挑選我要的股票：

第 1 步》技術分析：逐一瀏覽 K 線圖，初步海選價格強勢股。
第 2 步》財務分析：看稅後淨利，挑獲利穩健成長標的。
第 3 步》選股技巧：聚焦能力圈，精選適合自己的優質股。
第 4 步》綜合分析：逛賣場、試產品，多元管道預測未來獲利。

還原股價接近或創歷史新高，且趨勢需符合2條件

首先介紹「第 1 步》技術分析：逐一瀏覽 K 線圖，初步海選價格強勢股」。主要條件：K 線設定成「月線（還原權值）」，找尋股價接近歷史新高（差距在 15% 以內）或突破歷史新高的強勢股。一般的月 K 線是以月為單位的 K 線，但是還原權值後的月 K 線，會把過去每年配發的股利算進去，可以看出投資人持有這檔股票，加計股利後的總報酬走勢，這樣股價的高低比較不會被股利這個因素干擾。以富邦證的下單軟體（富邦 e01）為例，進入個股技術分析頁面，將「資料頻率」設定為「還原月線」即可。除了股價要夠高之外，還要再符合 2 個配合條件：

條件1》**股價趨勢需長期向上**
必須呈現左低右高，一峰比一峰高、一底比一底高的長期多頭格局。趨勢不明顯、無趨勢但突然暴漲、或是像心電圖暴漲暴跌者剔除。

條件2》**長期上漲趨勢持續2年以上**
例如儒鴻（1476）、鑫永銓（2114）、寶雅（5904）、伸興（1558）、

京城銀（2809），在我買進時的月K線圖，都符合以上條件（詳見圖1）。另外像是和大（1536）、萬海（2615），雖然還原月K線也創歷史新高價，但比較沒有很穩定上漲的長期趨勢（詳見圖2），就會被我剔除選股名單。

直接選擇強勢股，而非買在低點猜測何時漲

我用的千K選股法，目標不是要求買在股價低點，因此經常有人問我「為什麼不買在低點？為什麼要買在這麼高的位置？」我的回答如下：

原因1》術業有專攻

股市裡有人做當沖、有人存股、有人用價值投資做長期、有人抱幾天短線就跑，每種操作方式需要的能力各有不同。就像一樣是漁夫也有分抓黑鮪魚、抓龍蝦或抓帝王蟹的，他們所需要的工具、專業知識、經驗都會有所差異。我要捕捉的是個股不斷創歷史新高的那一大段，或至少其中一段，所以沒有為什麼不買在低點的問題，這純粹是個人的選擇及能力的問題。

我很清楚，我不擅長也不適合「低點買進等待獲利」的投資法，那會浪費我的時間也增加風險。它從低點到創歷史新高那段，本來就不是我想賺的那段，我不想猜它以後會不會創歷史新高？我的做法是等它漲到夠高的位置，證明它有資格被我選為候選股時，我才會考慮要不要花時間多看一點它的資料，或進一步研究它未來是不是能繼續創歷史新高價？

原因2》好公司股價通常都不低

如果你想買下像鼎泰豐一樣，這麼賺錢而且一直在成長的餐廳，你覺得價格有

圖1 儒鴻股價長期都穩定向上
——儒鴻（1476）還原月線走勢圖

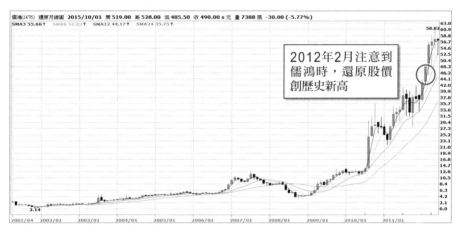

2012年2月注意到儒鴻時，還原股價創歷史新高

資料來源：XQ全球贏家　整理：羅仲良

圖2 萬海無明顯趨勢卻突然暴漲
——萬海（2615）還原月線走勢圖

2014年下半年股價暴漲，2015年4月還原股價創歷史新高

資料來源：XQ全球贏家　整理：羅仲良

可能會便宜嗎？同理，一間公司如果價格不在歷史相對高點，而在歷史的中值或相對低點，那不是公司不夠好、出了什麼問題，不然就是總體經濟（全球或全台灣）出問題。我不想花時間一一研究這類公司到底有什麼問題，或是有什麼原因不夠好，我會直接去找夠好、沒問題的公司。

會賠錢的股票最貴，會賺錢的股票價格再高都很便宜

問題又來了，買在歷史新高或附近，風險不會比較高而且比較貴嗎？其實，我認為賠錢的風險，是「買進之後會上漲或下跌？」所決定，並不是你買進時的價格所決定。你股價買得高不會賠錢，你買了之後下跌才會讓你賠錢。會賠錢的股票不管價格多低都很貴，會賺錢的股票價格再高都很便宜。所以你應該把重點放在：「在這個價位買進這檔股票後，它有沒有能力讓你賺錢？」而不是只在意它的價格是在低點還是在高點？

何況，股價在歷史相對低點時不見得安全，因為那表示它的營運狀況也有可能是史無前例的糟糕。2008年，英誌（已更名為翔耀2438）跌到1元～2元夠低了吧！但我在它1元多時放空（按規定，淨值10元以下不得信用交易，但當時英誌淨值超過10元，所以可以放空），它還是能跌到0.52元讓我賺到錢。所以股價在低點不見得比較安全，股價在高點不見得就比較危險。什麼價位是地板價？跌到0元才是真正的地板價。

第2步

財務分析》
看稅後淨利
挑獲利穩健成長標的

股價在技術面表現強勢，接下來支撐股價走高的重要理由就是「獲利」。我只選稅後淨利呈現連續 2 年～ 3 年（或更長時間）成長的個股，看不出獲利趨勢者捨棄！同時，還要 2 項配合條件：

條件 1》長期稅後淨利維持成長趨勢。
條件 2》最近 4 年稅後淨利年複合成長率大於 12%（至第 4 年稅後淨利累積成長 57.4% 以上）。

財務分析只看稅後淨利一項當然不夠，但這個步驟是為了先建立一個基本面必要的選股門檻，先刪掉許多不符合條件的個股，可減少下一道關卡需檢視的個股數量，所以只先看這一項。

另外，我選擇稅後淨利，不選每股稅後盈餘（EPS），是為了避免股本的干擾。股本膨脹後值不值得買進可以再斟酌，但若只看 EPS，可能會誤將一些獲利成長的公司解讀成獲利衰退。如表 1 所示，A 股票及 C 股票就符合選股條件，B 股

票雖然也是長期獲利趨勢向上，但因為複合成長率不夠強勁就會被我先剔除。實際符合的案例，可以參考我在本書所分享的操作，例如我買進儒鴻（2012 年 2 月買進）、鑫永銓（2012 年 10 月買進）、寶雅（2014 年 11 月買進）時的歷年稅後淨利數字。它們先前因為金融風暴這種總體經濟的原因，或自己公司的原因而出現短暫的衰退，但在我買進時，仍呈現長期獲利成長的趨勢。

另外，包括信立（4303）、F- 鈺齊（9802）、中保（9917）等，在 2015 年 3 月時的還原月Ｋ線都在歷史新高或歷史新高的 15% 內；但如果將其歷年來的獲利績效調出來看，就不符合這項選股條件（詳見圖 1 ～圖 3）。

最後補充一點，為什麼我希望稅後淨利年複合成長率 12%，低一點不行嗎？稅後淨利年複合成長率 12% 其實已經不算很高的門檻。股票有上千檔可以選，要選就選好一點的，為何要屈就自己選成長比較不夠強勁的？就像玩撲克牌，如果 1,000 多副牌裡面有同花順、鐵支可以選，為何要選三條或兩對下注？

表1 　**長期獲利向上但複合成長率小於12%，仍遭剔除**
──看稅後淨利挑股示意表

稅後獲利	第1年	第2年	第3年	第4年	近4年稅後獲利複合成長率
A股票	1,000萬元	1,120萬元	1,254.4萬元	1,405萬元	1,574萬元	12% ○
B股票	1,000萬元	1,050萬元	1,120萬元	1,200萬元	1,300萬元	約7% ✕
C股票	1,000萬元	1,080萬元	1,250萬元	1,380萬元	1,630萬元	13% ○

整理：羅仲良

圖1 獲利無長期趨勢，連虧3年後獲利暴增
——信立（4303）經營績效（非合併年報）

年度	加權平均股本	營業收入	稅前淨利	稅後淨利	每股營收(元)	稅前每股盈餘(元)	稅後每股盈餘(元)
2014	700	671	69	69		0.99	0.99
2013	700	616	33	33		0.48	0.48
2012	700	637	-8	-8		-0.11	-0.11
2011	700	733	-34	-33		-0.49	-0.48
2010	700	835	-22	-23		-0.31	-0.33
2009	700	880	38	12		0.55	0.18
2008	700	1,147	-9	1		-0.13	0.02

沒有長期趨勢，且中間連虧了3年後獲利暴增

註：單位為新台幣百萬元　　資料來源：MoneyDJ網站　　整理：羅仲良

圖2 獲利無明顯成長趨勢，甚至有衰退現象
——F-鈺齊（9802）經營績效（合併年報）

年度	加權平均股本	營業收入	稅前淨利	稅後淨利	每股營收(元)	稅前每股盈餘(元)	稅後每股盈餘(元)
2014	1,216	8,525	512	387		4.21	3.19
2013	1,186	6,939	278	266		2.35	2.24
2012	1,064	5,884	249	285		2.34	2.68
2011	862	7,251	674	469		7.82	5.44
2010	587	5,928	768	423		13.10	7.22
2009	787	4,820	740	684	61.28	9.41	8.70

無明顯成長趨勢，且2014年甚至較2010年衰退

註：單位為新台幣百萬元　　資料來源：MoneyDJ網站　　整理：羅仲良

圖3 獲利長期呈成長趨勢，但不夠強勁
——中保（9917）經營績效（合併年報）

年度	加權平均股本	營業收入	稅前淨利	稅後淨利	每股營收(元)	稅前每股盈餘(元)	稅後每股盈餘(元)
2014	4,406	13,072	2,564	2,034	29.67	5.82	4.62
2013	4,341	12,613	2,416	1,946		5.56	4.48
2012	4,341	12,059	2,279	1,879		5.25	4.33
2011	4,341	11,649	2,148	1,740		4.95	4.01
2010	4,341	11,175	2,081	1,703		4.79	3.92
2009	4,341	11,176	1,917	1,457	25.75	4.42	3.36
2008	4,334	11,873	1,651	1,311	27.35	3.81	3.03

長期有成長趨勢，但不夠強勁

註：單位為新台幣百萬元　　資料來源：MoneyDJ網站　　整理：羅仲良

選股技巧》
聚焦能力圈
精選適合自己的優質股

如果你是一個拳擊手,要取得比賽的勝利有 2 種方式:一個是讓自己變強,一個就是挑個較弱的對手。如果每次都挑拳王泰森那種等級的對手,當然很難贏又容易被揍個半死,甚至訓練自己一輩子也贏不了。如果挑個比較瘦弱的人當對手,那當然比選擇拳王泰森有贏面多了,而且就算輸了,受傷的程度也會比較小。

挑容易理解、易上手的股票,獲勝機率較高

以股票操作來講,看書、上課、實戰、檢討,就是在讓自己變強,而買一檔獲利一直很優異、比較容易研究、或不確定因素比較少的股票,就是在挑一個比較弱、比較容易贏的對手。選擇比努力重要,不要虐待自己。如果偏偏挑個很強的人當對手,被揍個鼻青臉腫(賠錢)只能說是活該,自己能力難以對付的股票盡量不要碰。以下就是一些我覺得比較適合自己、有能力對付的股票類型:

類型1》**傳統產業股**

相較電子股而言,傳統產業變化較慢、營運波動較小,有些公司的產品也比較

貼近生活，比較能理解該公司與同業相比的優劣勢。

類型2》股本較小

我比較偏好中小型成長股，股本最好不要超過新台幣 50 億元。一來基本面成長性比較強，二來股性較佳、較易上漲。

類型3》剔除景氣循環股

如面板、航運、鋼鐵、房地產相關類股盡量不挑選，降低獲利受產業景氣影響的可能性，不去承擔預測產業景氣錯誤的風險。除非個股特質不像景氣循環股（如 2000 年～ 2007 年的榮剛）。

以電梯公司崇友（4506）為例，近幾年每年獲利都成長（2010～2014年），但因為崇友的業績和台灣房地產高度相關，雖然它在我寫這本書時的營收及股價表現仍相當突出，但那是因為前幾年建商推案量較多，之前簽約的建案陸續完工認列營收。目前台灣房地產建商推案量急凍，若投資崇友，恐面臨未來的業績可能衰退，或需要去預測台灣房地產景氣走向，操作風險及難度就會提高許多。

類型4》毛利率高且穩定

盡可能挑選毛利率大於 15% 以上的公司。毛利率 10% 的公司，如果原物料、匯率或客戶議價波動 3%，就會至少影響獲利約 3 成，而對毛利率 30% 的公司就只會影響大約 1 成。一間公司有時出現一些意料之外的原物料、匯率、客戶議價或其他原因造成的營運波動其實滿常見的。毛利率高且穩定甚或能成長的公司，營運出現劇烈變化的機率會相對較小，另外這種公司的核心競爭力通常都夠強，持股信心也會比較強烈。

類型5》**獲利穩定度夠高**

除非是像 2008 年金融海嘯這種全球系統性風險的非戰之罪，否則獲利穩定成長者，優於近 4 年曾大幅衰退（幅度大於 30%）或不穩定者。如果長期以來配息能力都保持穩定、優異者更好；人會騙人，錢不會騙人，就算營收獲利有可能做假，發出去的現金也不能造假。

類型6》**在能力圈內**

每個人的工作、興趣、專長、人脈、生活環境不同，對女孩子而言，可能研究服飾、美妝百貨類股會比其他人有優勢。很了解手機的人，可能投資手機相關個股會較有優勢。圖 1 是我在 2015 年 7 月時，透過千K選股法第 1 步、第 2 步所篩選出來的股票（符合還原股價接近或創歷史新高、稅後淨利呈現成長趨勢）。在我的能力圈內，容易理解其業務的公司我會優先研究；如果這些股票挑不到我想買的，就研究在能力圈邊緣、屬於「比較容易」理解其業務的公司。要是再挑不到，才去找能力圈外、對我而言比較難理解或陌生的公司，評估操作機會。

類型7》**簡單不複雜**

2014 年初時我買進鑫永銓（2114），但當時我其實還考慮另一檔股票大立光（3008）。當時大立光新聞、研究報告、部落格文章都超級多，以我常用的財經網站 MoneyDJ，關於大立光的個股新聞有 5 頁共 100 則；對鑫永銓而言，100 則是近幾年的新聞總數，對大立光而言大概只是 2 ～ 3 個月的新聞。如果去《工商時報》電子版搜尋大立光，過去 5 年可查到的歷史新聞有 3,000 多則，大概 300 頁～ 400 頁。同時，大立光的產品也比鑫永銓複雜，產業變化更大。

我如果要買進一檔股票，要對它了解到一定的程度才敢買，我評估大立光資料

圖1 挑股首要挑自己熟悉、有興趣的能力圈內個股
——能力圈挑股法

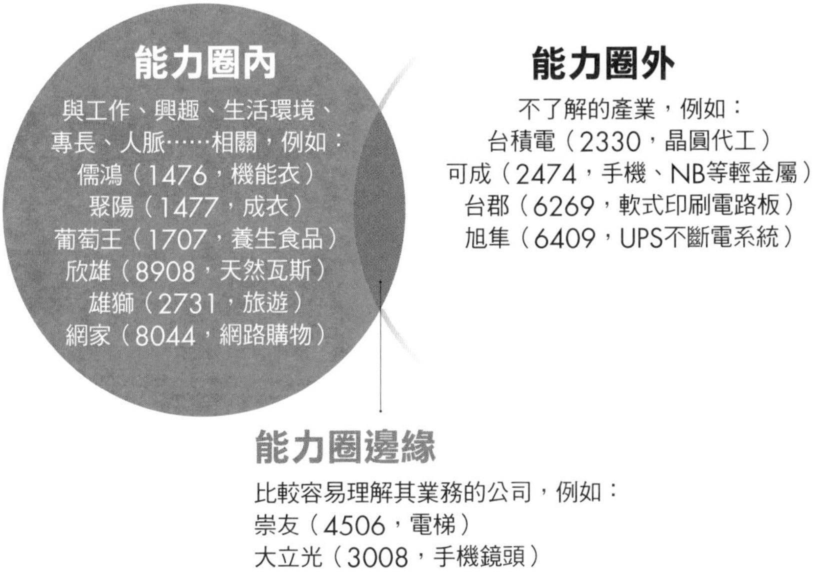

能力圈內

與工作、興趣、生活環境、
專長、人脈……相關，例如：
儒鴻（1476，機能衣）
聚陽（1477，成衣）
葡萄王（1707，養生食品）
欣雄（8908，天然瓦斯）
雄獅（2731，旅遊）
網家（8044，網路購物）

能力圈外

不了解的產業，例如：
台積電（2330，晶圓代工）
可成（2474，手機、NB等輕金屬）
台郡（6269，軟式印刷電路板）
旭隼（6409，UPS不斷電系統）

能力圈邊緣

比較容易理解其業務的公司，例如：
崇友（4506，電梯）
大立光（3008，手機鏡頭）

整理：羅仲良

量太大，自己還在上班還有家庭，研究股票時間有限，且它的產業特性較複雜。加上雖然自己習慣買創新高的股票，但之前買股票下重注時，我也只買過100元出頭的華碩（2357）。我也是人，一下子挑戰股價超過1,000元的股票，心理上多少會有點障礙，所以最後放棄大立光，選擇鑫永銓。事後以績效來看，我當然選錯了，只能說以我當時的狀況，鑫永銓比較適合我。

綜合分析》
逛賣場、試產品
多元管道預測未來獲利

經過前面 3 道門檻的篩選後，剩下的股票就少掉很多了；剩下最後一個也是最重要的步驟，就是要深入了解這些碩果僅存的股票裡頭，是不是有自己要的公司？並對其建立持股信心、預測其未來的獲利。方法是盡可能蒐集資料，了解該公司的過去，找出獲利成長的原因，並評估未來是否能持續？力道如何？以下詳述我會做的功課：

必做4功課，找出獲利成長原因、評估未來趨勢

功課1》做較詳細的財務分析

詳細地閱讀個股的各項財務報表，如資產負債表、損益表、財務比率表、現金流量表等，了解公司的財務體質和歷年來的變化。

例如公司毛利率長期保持穩定或成長，我會去追出原因為何？看到毛利率一直衰退，則會直接擱置不看，先研究別檔股票。有必要時會去公開資訊觀測站下載季報、半年報、年報等詳細的財務報告書。像我在操作仕欽（已下市）、歌林（已

下市）時，就是在它們財務報告書裡的附註看到需要還銀行錢的金額、時間等資訊，才抓到它們的下市暴跌行情。買進佳格（1227）時也是閱讀財務報告書，才知道上海佳格每季的獲利狀況。

關於更深入的財務分析技巧，有興趣可以自行買書來看，因篇幅及專業能力有限，在此就不贅述。我非財金本科系出身，股市中的知識都是我自修看書學來的，相較於具有財金專業的投資人而言，財務分析是我的弱項。

不過我的經驗告訴我，學會財務分析雖然是在股市裡生存的必備能力之一，但不必一定要學到像財金本科系或像會計師那麼專業。能這麼專業當然最好，做不到的話靠自己自修學來的財務分析知識，再靠基本分析、可靠的交易策略或其他分析工具來彌補，也可以在股市裡生存。畢竟事實證明，股市裡並不是只有財金本科系、會計師、經濟學家這類財金專業人士才能賺錢。

功課2》研究產業現況及和同業相比有何優劣勢

例如放空洋華（3622）時，我看了很多觸控面板產業、洋華以及同業的研究報告與新聞，知道當時電容式面板已經是觸控面板的主流技術。洋華不但只能做出比較低階的G/F（薄膜式電容觸控面板）而且良率差；主力產品是手機用面板，中尺寸的平板面板因為良率問題，搶不到什麼訂單。又知道2011年下半年同業的產能會陸續開出，而主要受衝擊者就是像洋華這種使用比較低階的G/F技術的廠商。

買進寶雅（5904）時，我也做過功課，了解它和屈臣氏、康是美這些藥妝店有何差異和其他美妝雜貨同業如美華泰、J-mart、四季等又有何優劣勢？例如：

和其他美妝雜貨同業不同的是，寶雅展店時店鋪用租而不是買的，如此可以降低獲利的門檻又加快展店的速度；寶雅更透過股票上櫃所籌得的資金，用以加速拉開和同業的差距等，諸如此類的功課，都有助於我長抱這檔股票。

功課3》**親身使用公司產品以體驗產品優劣、實地調查或訪問使用者**

買進佳格時我就把它和同業的產品買來一一吃看看並觀察其包裝和價格，還去問同事或家人使用佳格產品的感想；上網查相關產品的網友使用心得，了解使用者對它的評價。像是天地合補四物飲這個對我來講很陌生的產品，就是上網調查後，才知道它對女孩子而言知名度還滿高的，而且網路團購很踴躍。

持有佳格時，我也不時去7-11、大賣場去觀察佳格及競爭者產品的銷售狀況。買寶雅時也實際去逛，買它的商品，並勤於查看網路上女孩子們逛寶雅的心得分享文章。

功課4》**逛財經達人部落格**

不少台灣的股市名人、專家、部落客會分享一些個股相關的文章。像我在買鑫永銓時就很愛去逛「賢哥不錯」這個部落格。它是我用 Google 搜尋「鑫永銓」這個關鍵字時發現的，版主不時會分享鑫永銓的最新消息，一有疑問就會電訪鑫永銓，股東會紀錄也很詳細，一些文章參考性都很高，省去我不少時間。

追隨財經專家，不如自己全面深入研究

不過看網路上財經達人這類文章也有一個壞處，有時對方會對該股過度看好或是過度保守，這樣容易讓自己過度樂觀或是持股信心會被打擊。像我在買佳格

時，一些部落客就有發文並對佳格評價保守，其中有幾個出過書或常上電視，在台灣股市知名度頗高。他們都對佳格做了一番詳細、精闢的「財務」分析，然後都如出一轍地指出佳格的中國業務是致命傷，常年不斷地虧損像個敗家子，然而文章到此為止，沒再繼續追下去。

　　我則花更多時間研究、調查，後來抓到佳格的漲勢。財經專家很專業，但他們不可能對每一檔股票都花很多時間去研究。而且財務分析只是買進股票前需要做的其中一種功課，並不是全部，還要再做其他許多功課、蒐集夠多的資料才能達到足夠的決策品質，避免判斷錯誤。

　　就像龜兔賽跑這個故事，不管兔子比賽前段跑得多快、用的姿勢有多華麗，沒比烏龜更快跑完全程也沒用。同理，投資股票財務分析做得很好，但其他方面做得不夠好，決策品質還是可能會很爛，造成判斷錯誤。另外，只看財務數字很危險，要了解財務數字背後代表的內涵並評估未來的情勢，才能拿來做決策。

　　舉前面提過京城銀行（2809）為例子，它的財務數據都很好，但要經過調查後才知道原來它有滿大一部分獲利是來自金融商品的交易。雖然表面的數據良好，但實際的內容可能不是這麼讓人放心。所以如果身邊的人或專家、達人對自己持股的言論、文章和自己的看法相反或更樂觀時。一方面客觀評估對方所言是否值得參考？另一方面也不要太被打擊持股信心或過度樂觀，因為對方可能本來就是股市輸家或不太懂股票。又或者對方是股市專家、達人，但對方不見得像自己一樣對這檔股票下過很多功夫做研究。

　　專家、達人很專業但也很忙，對很多股票有一定程度的了解，這還不夠用，要

對某檔股票有夠深入的了解才有用。而我們本身的專業不如專家、達人也沒關係，只要願意花更多的心力、時間蒐集資料、做功課就好。勤能補拙，沒有兔子的才能至少要有烏龜的堅持。如果專業不如人、功課也沒做足，那這樣賠錢的話有什麼好怨的？

其他可能會做的功課還有逛公司官網、公開資訊觀測站、證券交易所、櫃買中心、集保中心（可以查 CB 最新的轉換狀況）、去股票論壇找相關文章（如 e-stock 個股討論區、聚財網……）、去有開戶的券商網站看研究報告、MoneyDJ 網站（資料都幫你整理得好好的）、去《工商時報》或《經濟日報》電子報調閱歷史新聞、電訪公司、用 Google、Yahoo! 這些搜尋引擎土法煉鋼一頁一頁尋找個股相關的資料等等。

獲利容易預估的公司，列為優先研究對象

只要挑的公司夠簡單、蒐集的資料量也夠多，對該檔股票夠了解，就能大概評估其未來 1 年～ 2 年或更遠的獲利及營運狀況，如果估不出來就換別家公司。

就像儒鴻（1476）的實戰案例，因為蒐集資料知道它當時布、成衣的產能、未來的擴產計畫、毛利率很穩定成長、產能嚴重供不應求，所以就不難預估它未來 1 年～ 2 年的獲利。

但如果是間業績不怎麼樣、或看不出營運趨勢、或毛利率變動大的公司，要預估獲利就不是這麼簡單了。不但擴廠後增加的獲利難以估計，甚至還會有擴廠後訂單不如預期，反而可能因為攤提的成本增加，造成獲利衰退或虧損的風險。

因此第一優先挑的股票最好是像儒鴻、寶雅這類成長趨勢很明確、業績暢旺、目前股價也具投資價值（以未來的前景來看）的公司。再不然退而求其次，選擇未來成長趨勢不確定，但至少可以預估出的獲利，可以確保目前的股價不會太危險。像是 2009 年初的佳格（2009 年 3 月買當時股價 23 元～ 25 元，2008 年前 3 季 EPS 2.2 元）、2014 年初的鑫永銓（2014 年初買，股價 80 元左右，2013 年 EPS 有 7 元水準，雖不知道 2014 年能賺多少，但可以知道至少也有 7 元水準）。

經過以上的努力，如果還是估不出未來的獲利，找不到股票可以投資，我想可能有幾個原因：

1. 自己能力不足或功課做不夠多。
2. 挑錯研究對象（選到一間不適合自己、比較難預估的公司）。
3. 多頭泡沫化（找到的股價都過高）。
4. 空頭市場來臨（沒有一檔股票股價創歷史新高價或在歷史高點附近，詳見註 1）。

如果真的找不到適合的股票就休息一陣子再找，除非股市中再也沒有值得投資的成長股，不然一定都會有機會的。

註 1：觀察股市中創歷史新高及創歷史新低的個股數量，也可以拿來當作一種衡量大盤多空氣氛的參考指標。以千 K 選股法而言，2015 年 3 月 19 日我挑出來通過第 1 道門檻的股票有 80 檔，到 2015 年 7 月 8 日則挑到 28 檔，就明顯有轉弱的情況。

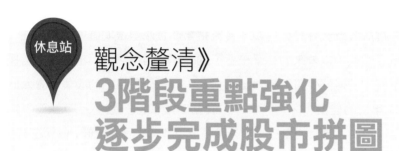

休息站

觀念釐清》
3階段重點強化
逐步完成股市拼圖

一筆操作有時可能能力未到或是運氣不好，造成虧損的結果，但無論賺賠，都應該要求自己達到一定的操作品質。我認為一個品質好的操作應該是「買進前做足功課、持有時客觀追蹤、賣出後檢討改進」，以下分別說明買進、持有、賣出後這3個階段我自己會注意的重點：

1.買進前》做足功課

重點1》現股買進

不使用融資券，避免長期趨勢看對，卻因為短期的價格波動被迫出場，也降低心理壓力。

重點2》集中持股

以做多而言，我通常只買1～2檔股票，常常更是只全壓1檔。一來因為要兼顧生活及研究品質，不得不減少持股數量。二來一般人買進多檔股票的主要目的是要分散風險，但對我而言，要就買一檔自己覺得最好、最有把握的那檔股票。

為了分散風險去買其他比較不好、我覺得風險比較高的股票，這種邏輯我沒辦法接受。我認為這樣所承受的風險，以及需要花費的時間、精力反而會增加。

風險應該和決策的品質比較有關係，而不是和決策的數量有關係。如果在達到足夠決策品質的前提下，同時買進多檔股票，這種分散才有意義。如果研究股票的時間變多，我也許有可能會改變集中持股的策略，但目前的我仍然盡可能在買進時只持有 1 檔股票，然後把所有時間、精力都花在它身上，盡可能提高股票操作的決策品質，同時兼顧自己的生活品質。

重點3》盡量不讓人知道自己的持股
這樣做是為了降低被干擾的可能，但其實這點我自己也常常不能做到。在出這本書之前，我是個自費出書的作者，有時為了提振銷售量，需要稍微展現一下操作績效，讓人知道我的持股。雖然會公開的，都是自己覺得比較有把握的股票，但純粹以股票操作的角度而言，這樣做會增加自己的風險。

重點4》使用長期自有資金
在股市裡投入大量資金操作股票，壓力已經夠大了，如果再舉債投資或是使用短期內會用到的錢，壓力會更大，這樣容易因為心理壓力做出錯誤決策，所以我盡量只用長期自有資金操作。

2.持有時》客觀追蹤

重點1》追蹤營收、財報、新聞
根據最新的訊息，決定要維持原先的獲利預期或需要更新。

重點2》**面對突發事件確實求證**

在股市裡難免會出現一些意料之外的事件，原則上只要出現疑慮，就一定要確實地去求證，不能置之不理，或是瞎猜可能的發展。不然一方面會影響持股信心，另一方面也置自己在未知的風險之中。例如2009年佳格（1227）6月份中國的營收是5月份的1/5左右，我就打電話去問原因。寶雅（5904）2015年1月爆發疑似販賣過期品事件，我也從各方面去了解。而2007年11月我的客戶告訴我華碩（2357）EeePC毛利低、貢獻獲利有限的消息，那次我完全沒去查證，結果下場很慘。

重點3》**參加股東會或電訪**

若對公司財務、營運有疑惑，可以大方地向公司提問，得到最新的第一手訊息；參加股東會或實際參訪，也能更深入了解公司。

重點4》**冷靜面對干擾**

面對旁人的吹捧、讚美，容易讓人得意忘形。經過榮剛（5009）、華碩那時有點自以為是、結果卻慘敗的經驗，現在我操作得不錯時，雖然有時仍會忍不住有點得意，但都會提醒自己不要太得意忘形。如果賺到新台幣上兆元的股神巴菲特都很謙虛，那麼成就連巴菲特1根指頭都談不上的我有什麼好跩的。

如果是面對一些會打擊持股信心的言論、文章，客觀求證後仍覺得自己是對的，我會告訴自己，對方並不見得是個股市贏家；就算他是股市贏家，也不見得像我花這麼多時間研究，或比我更了解這間公司。

重點5》**面對大空頭市場，先看自己對持股了解程度**

　　正常市況下，短線的股價沒什麼道理，但只要長期基本面向上，且股價有投資價值，長期股價就一定會隨基本面同步向上。但如果遇到空頭市場這種不正常的狀況呢？

　　2008 年金融海嘯時期，當時全球股市腥風血雨，但偏偏西班牙股市有一檔股票 ZARA 硬是逆勢狂飆，讓我印象非常深刻。ZARA 親身示範只要基本面夠好，不管什麼樣的景氣，股價還是能上漲。佳格在我買進之前，雖然面對金融海嘯獲利仍維持成長，但也因為空頭市場股價自高點下跌 50%，股價和基本面反向被壓抑了將近 1 年才回升。只要公司基本面夠好，即使遇到大空頭還是會上漲，或是被壓抑一陣子後再上漲。

　　問題是，全球股市大概幾十萬檔股票，也才出一檔 ZARA；佳格也要先被套牢 1 年，撐住中間 50% 的下跌後，才能等到後面的行情。要怎麼知道自己的股票剛好就是那十萬中選一的超強股？或是虧損 50% 時仍有強韌的自信，堅持抱牢自己的持股等到後面的行情？該不該乾脆在一開始感覺不對勁時，就先停損然後等待好時機？我只能說，這沒有一定的答案，看你對自己持股的了解程度。

　　以我而言，事先的功課會做得很足，買進時也是看長期基本面。敢壓下去，就是對這檔股票有相當程度的信心。所以就像我操作佳格時，在 2010 年 2 月遇到歐債風暴，當時我對佳格的持股信心就強過對歐債風暴的疑慮。

　　因此，原則上只要我的持股理由還存在，也沒有出現什麼狀況的話，面對股價波動對我不利時，我會傾向不停損。《金融怪傑》這本書裡有位名叫麥可・史坦哈德（Michael Steinhardt）的操作者講了一句話：「堅持自己對股市的看法，

以及承認自己錯誤的彈性。要達到兩者之間的平衡，則需錯誤與經驗的累積。」

重點6》面對4大狀況，就該賣出

而在持有過程中，如果遇到以下4種狀況，就是我會賣出的時機：

1. 找到更好的股票：玩撲克牌時如果有同花順可以挑，當然要把手上的葫蘆或鐵支給換掉。若遇到其他更好的股票，當然要選擇對自己更有利的個股。

2. 持股理由消失（如華立、寶雅）：發現買錯公司或公司基本面變差。如果手中沒持股，讓我再選一次而我不會買的，就該賣掉。

3. 出現不確定因素：當持股基本面出現疑慮（如2014年鑫永銓舊產品營收已到瓶頸，而新產品不確定其效益），查證後仍不確定自己是否正確時，先賣了再說。我對自己的操作能力有自信，這檔賣對最好，賣錯了也可以再賺下一檔。如果有疑慮還跟它賭，就算賭100次都對，第101次賭錯就慘了。

4. 股價以「未來本益比」評估偏高：買進股票之前，我會先預估這檔股票未來1年～2年或更長時間的獲利，持有時會再依據最新的消息，做獲利預估的更新。我會以此預估的未來獲利和目前股價所算出來的未來本益比，來評估股價偏高或偏低。

以往我大概以「股價進入未來本益比12倍以上」為警戒，並準備停利。操作佳格時，我預估佳格2010年每股稅後盈餘（EPS）至少5元～6元，因此在股價72元附近時準備賣出，結果後來又再上漲1倍；之後儒鴻的漲勢也超乎我

的想像；而鑫永銓 EPS 僅 7 元多，股價也能推升到 130 元，本益比達 17 倍～18 倍左右。我發現對這些獲利比較優異的公司，用未來本益比 12 倍以上當警戒值，似乎過於保守，目前打算把警戒值調高到未來本益比的 15 倍。

3.賣出後》回頭檢視

重點1》檢討改進

賣出之後，無論獲利或虧損，都要檢討那裡需要改進？或怎麼做可以更好？例如發現自己閱讀財報能力不夠成熟，則要持續學習補強。

重點2》虧錢受挫時，回顧靠實力成功的證據

回顧自己的操作，看看自己成長的軌跡。找一些自己一路成長是靠實力、而不只是靠運氣的證據，幫自己打氣，然後振作精神再接再厲。

重點3》獲利理想時，獎勵自己與家人

我會拿出一筆錢去花，帶家人吃好吃的、買東西或去旅遊，去感受一下金錢的美好和力量，但不會恣意揮霍。這樣會更有賺錢的動力，也比較戒慎恐懼，比較不會只把金錢當作數字，進而忽視風險。另外以後賠錢回想時，至少還有美好的回憶，或是某件摸得到的戰利品，心情會好過一點，而不會覺得到頭來一場空。

股市學習之路就像拼圖，一塊塊累積能力才能拼出成果

股市的學習之路就像在拼圖一樣，看一本書、上一堂課、檢討一次實戰所學習到的東西就像得到 1 塊小拼圖。要拼到一定的數量，能力有到一定的水準才會

漸漸看出成果。過去的我就是這樣一塊一塊地在拼我的股市拼圖。

看了日本股神是川銀藏的故事，他研究股市追根究柢的精神震撼了我，台股名師廖繼弘的著作《我的技術線型會轉彎》裡，提到他每天做功課會一檔一檔地調出個股的K線來看，被我拿來當作找股票的第1個步驟。

箱型操作的創始者尼可拉斯‧達華斯（Nicolas Darvas）讓我學到買創新高個股的觀念；我從傳奇基金經理人彼得‧林區（Peter Lynch）的選股邏輯，學到買進貼近生活的成長型傳產股，可能比買高科技股更好；宏電（併入宏碁）讓我學到要買股票的未來，而不是過去；華碩、華立（3010）的經驗讓我棄融資用現股，並開始偏好毛利率較高、營運較穩定的傳統產業公司；錯賣儒鴻（1476）讓我更深刻體會「眾鳥在林不如一鳥在手」的道理。我從實戰、從書本、從自己的思考中學到的東西太多，就不一一細數。

我的操作方式也許不見得每個人能完全適用，像我常常都只重壓一檔股票，這點可能很多人就無法認同。另外金融市場不會因為我過往的成功，或我曾經出過書，就給我任何的優待，稍有不慎我還是隨時可能從市場上畢業。面對專業投資人這條路，未來我會成功還是失敗？需要時間持續印證。

但無論如何，希望這本書裡至少某個觀念或某一句話，能對閱讀此書的人有所幫助。關於我的成功操作經驗，歡迎學習；關於我的失敗操作經驗，也請記取我的教訓，讓我的經驗能成為你未來成功的墊腳石，成為你股市學習之路的其中一塊拼圖。

附 錄

金融操作
可能賠的不只是錢

（原文 2012 年 1 月 23 日發表於「聚財網」）

　　昨天在聚財網上，一位網友發了一篇文章叫「金融操作最大的風險是什麼？」那位網友已經有了一個自己的答案，並讓大家提出各自的解答，答中他的答案就贈送 100 元聚幣。

　　這個問題幾年以前我自己也曾經思考過，當時我的答案和眾多網友裡的其中幾位一樣，我當時覺得金融操作最大的風險是「無知」。因為無知所以恐懼、貪婪、追高殺低、不了解公司的財務體質、過度自信、操作槓桿過大、不知如何去控制風險、猶豫、固執、資金控管不當、過度追求短期績效極大化、做出錯誤的判斷等等。反正所有金融操作上會造成賠錢和少賺錢的因素，都可以用「無知」兩個字來涵蓋。

　　之後自己看到和經歷到了不少事情後，我發現金融操作的風險不僅僅只是金錢上的損益而已。還會因為憂慮、恐懼等等，失去了「快樂」；因為忽略家人，失去了「親情」；因為長期盯盤、熬夜、壓力過大，失去了「健康」；為了賺錢或取得資金，使用一些坑矇拐騙可能傷害到他人的伎倆，而失去了「道德」；被斷頭還不出錢來，失去了「信用」；因為賠錢想不開，而失去了「生命」。我因為

體會到人生不是只有操作，還有其他美好和重要的事情。所以昨天我在聚財網上對這個問題的回答是：「過度看重金融操作而忽略了人生的其他東西」。

結果我的答案和那位發文網友公布的答案不同（詳見註1），所以我什麼都沒得到。不過那位網友的答案公布後，我因為繼續思考這個問題，而又得出了一個令我不禁莞爾的「新」答案。繞了一圈後，我的這個「新」答案和幾年前的答案都一樣──「無知」，只是字同，內涵卻不同。因為我發現幾年前舊答案的無知，是一種「操作上的無知」；我昨天的答案「過度看重金融操作而忽略了人生的其他東西」，則是一種「生命上的無知」，所以都一樣可以用「無知」兩個字來涵蓋。

我不知道對於這個問題還有沒有更好的答案？但對我自己而言，這已經是我所能想到最好的答案了，把它寫出來和大家分享我的心得。祝順心！

註1：感謝聚財網上的「㊣阿凱㊣」網友的發文，讓我重新思考「金融操作最大的風險是什麼？」這個問題而有了新的心得。「㊣阿凱㊣」網友對於這個問題的答案是「無法穩定獲利」，或者我解讀他的意思是「不具備能持續穩定獲利的能力」。

報明牌通常是損己
卻不一定利人

從我進入股市以來，報明牌這件事就一直困擾著我到現在，令我左右為難！不跟人家報明牌嘛，好像我很自私不和其他人分享賺錢的機會，尤其是對自己有恩或很熟的人，面對他們的要求，自己一方面實在很難硬下心腸拒絕，另一方面也希望能讓對方有賺錢的機會。

但報了明牌後又擔心自己不見得正確，心裡總是想著「到時如果真的看錯了，害對方賠錢該怎麼辦？」畢竟事實證明有好幾次我覺得有把握的賺錢機會，最後其實是看錯了。而經過這幾年的操作經驗，心裡對「該不該報明牌」這件事慢慢比較能拿捏，以下分享自己報明牌的經驗和自己的心得。

經驗1》報凱崴：自己幫自己找壓力

第 1 個讓我印象比較深刻的報明牌，是 2002 年的凱崴（5498）。我當時除了自己買之外，我哥哥和姑姑也跟著買，另外還有一個遠親因為自己還沒開股票戶頭，就拿錢給我買在我的戶頭，跟我的單請我幫他操作。

出乎意料地在一開始就很順利，凱崴在 2 個月左右的時間從 20 元附近漲到30 元，2 個月 50% 的獲利讓我自己和跟我單的親友都滿高興的。然而之後就痛

苦地看著凱崴一點一點地從 30 元跌回 20 元。

期間除了心痛獲利一點一點地被吃掉，自己還要承擔別人的部位跟著一起下跌的心理壓力，最後是在 20 元附近小賠一點的位置，忍痛砍出，白忙一場。這一次的報明牌，我哥哥在 27 元～ 28 元附近時怕會跌下來，加上獲利不差已心滿意足就先賣出，成為唯一的獲利者。而姑姑則跟著我一路抱上又抱下，我後來砍掉時有跟她講，但她捨不得認賠，抱持著「不賣就不算賠」的原則持續抱著。至於那位遠房親戚的部位因為搭我的便車操作，最後也跟著我在小賠的價位停損出場。而自己不好意思讓他因為我的無能而賠錢，於是就跟他說：「沒賺到也沒賠到。」然後自己貼一點錢把本金原封不動地還給他。

報明牌當情勢不利時，會對自己操作時的心理造成莫大的壓力，同時影響情緒；因為除了承受自己損失的壓力外，還要額外承擔害別人也損失的「罪惡感」。

經驗2》報榮剛：漲了3倍多，還是讓人賠錢

榮剛（5009）是我第 1 檔讓身邊親友們大賺的股票，從它約 20 元開始推薦，一路漲到 70 多元，中間參與了 2 次除權息還漲了 3 倍多。然而這樣一個大幅上漲的股票，竟然還是有位長輩，因為聽了我的建議後從低點開始買進榮剛，但最後卻是賠錢。

話說這位長輩是我媽媽的一位朋友，我在抱榮剛的時候，周遭的人問有什麼股票可以買？我都報「榮剛」；20 元時報榮剛，30 元也報榮剛，40、50 甚至 60 元時也還是報榮剛。在抱榮剛 1 年半多的時間，我推薦的股票就只有這一千零一

檔：「榮剛」，於是這位長輩因為我一直推薦也就跟著買進榮剛。當然一開始，他也是抱持著半信半疑、姑且試試的態度。

隨著榮剛股價不斷地往上漲，他開始賺了錢之後，對我的建議也就更具信心——我一路推薦，他也跟著一路加碼。隨著榮剛股價節節高升，加上他大概很少抱著賺這麼多錢的股票這麼久，就開始擔心地一直問我：「榮剛要賣了沒？榮剛要賣了沒？」、「榮剛該賣了吧？」、「你榮剛賣了沒？你買股票怎麼這麼奇怪，漲這麼多還不賣？」

雖然也有其他人會問我要不要賣？我也都回答：「不要賣。」但只有他問的次數最多，讓我覺得已經對我自己的操作到了產生干擾的程度。即便是我每次都回答：「不要賣。」但過一陣子他就又問：「要不要賣？」我就再回答：「不要賣。」之後沒多久他就會再問：「榮剛要賣了沒？」就這樣一直循環下去。

2007 年 9 月 13 日，那天榮剛因為有利多大幅開高，開盤價 70 元比前一天收盤價 67.6 元還要高 2.4 元，但榮剛當天的走勢卻是開高走低。當時我自己的部位正逐步從榮剛換成華碩，既然那天榮剛在自己的目標價（60 元～ 70 元）上緣附近出現了利多不漲、開高走低的狀況，於是當天盤中我就建議親友們可以全部出清。榮剛這仗不論是親友或我自己，每個人都賺到飽飽的，大勝出場！

而那位三不五時問我要不要賣榮剛的長輩，當天他的部位卻沒賣掉。因為前幾天榮剛最高漲到 71.4 元，建議他賣的那天也還有 70 元以上的價位，但他卻捨不得賣在 68 元～ 69 元的這種「低價」，他想要賣 70 元以上。但天不從人願，榮剛從那天起一路下跌再也沒回到 70 元以上，所以他掛的單始終沒成交。

雖然後來又再建議他賣掉，但因為他一直不想賣在 70 元以下，他想要等榮剛漲回 70 元之上再賣。即使之後榮剛下跌離 70 元愈離愈遠，他也賣得沒什麼誠意，每次都掛高高的不容易成交。就這樣一路不甘心賣低而抱著，從大賺變小賺、小賺變小賠、小賠變大賠，最後被迫成為他的「長期投資」部位，而他也成了唯一一個跟我單買榮剛卻賠錢的人。

報明牌即使建議的完全正確，還是可能讓人賠錢，因為對方不見得完全會照著建議去做。另外，對方還可能因為擔心的緣故，不管在順境或逆境都會不斷地問問題，而讓提供明牌者持續不停地被干擾。

經驗3》報榮剛：成為冥河的擺渡者

在《作手——獨自來去天堂與地獄》這本書第 12 章「冥河的擺渡者」，作者壽江提到他的一位大學同學，因為他的緣故進入期貨市場交易然後慘賠。壽江同學慘賠雖然是他自己交易造成，但那位同學是因為壽江的關係才開始接觸期貨市場，所以等於壽江間接害了他。當我看到壽江這篇文章時真的是感慨萬千，因為我也有著完全類似的經驗。

當榮剛從 20 元漲到 30 多元時，一位從小看我長大還滿親的親戚剛好有事來找我媽，這時平常就愛和人炫耀的媽媽當然不會放過這個機會，一張嘴講得天花亂墜，說她兒子叫她買的榮剛已經賺了很多錢，而且還說會繼續往上漲。於是，那位親戚禁不住誘惑就這麼被我媽牽線來跟我的單買進榮剛。

那位親戚以往也有買過股票的經驗，但都是聽別人的建議，所以算是個股市新

手。一開始他很聽我的話，乖乖地抱著榮剛的部位。然而隨著榮剛的上漲獲利持續增加，他開始抱不住了，雖然我建議他可以續抱，但他還是在大約賺了 10 幾萬元的時候賣掉。短短幾個月內，買進榮剛就讓他輕鬆賺到一筆豐厚的意外之財，這原本是件好事，但其實卻是一場噩夢的開始──因為他開始對股票產生極大的興趣，興致勃勃開始獨自操作股票。

一開始我還天真地想，他對股票投資有興趣是件好事，可以作為他退休生活的興趣兼一項可鑽研學習有機會賺錢的專業。然而就像《作手──獨自來去天堂與地獄》這本書裡頭所講的一段話：「股票、期貨是一種投資，但不是一般意義上的商業投資，它更像是一種賭博。大多數人一旦進入這個領域，往往會失去自我控制，最終演變成真正的賭徒。」

果不其然，我的那位親戚正是如此。看著他短進短出一點一點地蝕掉本金，所投入的金額也愈來愈大時，自己驚覺他這種搞法不是在「投資」，也不是在「投機」，而是在「賭」！再這樣任他愈陷愈深，後果會很嚴重。於是，有好幾次在電話中或去他家拜訪時，我都力勸他及時收手，不要再做股票了。甚至直截了當地對他說：「你現在是在『賭』，不是在投資。如果是年輕人的話，賭就賭吧！即使重重地摔個幾次，反而可能會是個很好的學習經驗，有利未來的成長。但以你的年齡，是非常不適合這樣操作股票！」

雖然當時他回應說，有感受到我的好意也會好好思考這些建議，但後來還是繼續在「賭」股票。就這樣，我只能眼睜睜地看著這位從小看我長大的親戚，愈賠愈多，直到無法自拔。後來在女兒滿月時我送蛋糕過去給他，那時他告訴我，原本準備拿來當退休金的錢，慘賠了 300 萬元後已經沒剩下多少……。

唉！從發現他在「賭」股票時，我就想到會有這麼一天，但我無力去阻止。我可以勸他不要再做股票，但卻沒辦法阻止他在電腦前面看盤下單。面對這個不希望它發生卻已經發生的結果，我也只能在離去前再次勸他把全部剩下的股票砍掉，帶著剩餘的資金永遠退出股市。那天當我要返家時，自己是帶著後悔讓他因我而接觸股票的心情離開……。

心得與檢討：

即使報明牌報得正確，對方也因為你的明牌賺了錢，但還是可能因為讓對方接觸這個市場，最終致使對方受害。

經驗4》報華碩：災難的冥牌

榮剛是我第 1 個讓身邊的人大賺的股票；華碩則是我第 1 個讓身邊的人大賠的股票（應該很有可能不會是唯一的一個）。由於榮剛的大勝，讓周遭跟單的人對我信心百倍，所以繼榮剛賣出之後我轉而建議買進華碩時，我周遭每個有跟單買榮剛的人，都紛紛跟著買進華碩，其中不少還下了重注，準備像榮剛一樣大撈一票。結果後來事實證明，我帶給他們的不是白花花的鈔票，而是一場災難。

2008 年 1 月，自己買的華碩從高點 116 元跌到 75 元～ 80 元時，因為融資就快被斷頭，就不得不自己幫自己斷頭。面對當時慘賠的這場噩夢，我已經完全失去準確的判斷力。正如我之前的文章（詳見第 14 站）裡面提到，當時我已經不管賣出去是對還是錯？是高點還是低點？我的情緒已經崩潰了，只想逃離華碩這場巨幅虧損的噩夢。

我還記得當時是一個一個打電話給跟著我買華碩的人，他們得知我出場時也問我他們該不該賣？我只能回答：「我自己也不知道賣對還是賣錯？我打電話來是要告訴你我賣了，至少讓你知道我做了什麼動作，其餘你要自己判斷。」就這樣，有的人跟著我出場，有的人賣一部分，也有的人因為覺得華碩是一間很績優的公司，所以打死不賣。然後接下來的 1 年，華碩這家台股績優生、昔日的股王與世界知名的電子品牌大廠，就像噩夢般地一路最低曾跌到不到 30 元。

2010 年中我賣掉華碩都已經過了 2 年多的時間，台股盤勢因為歐元危機轉為悲觀，又剛好碰上華碩即將因為要分割和碩而停止交易一陣子，造成市場恐慌，股價從 63 元多急跌到 50 元附近。兩位一直到當時手上都還抱著華碩股票、又很久沒和我提過華碩的親友，不約而同地向我提出超出我能力的要求──其中一位打電話叫我一定要幫他分析；另一個則用 MSN 說事態緊急問我的意見。

面對他們的要求，我有自知之明，自己沒有能力可以分析當時的華碩該抱還是該賣，而我報華碩這檔冥牌的孽，已經過了 2 年多了，還一直在糾纏我；其中一個年紀較輕的，講一講還搞得有點不愉快，雖然後來他說自己講得有點過分而跟我道歉，但終究還是個不愉快的結局。賣掉華碩都過了 2 年多了，還搞這樣一齣戲，唉！真是「個人造業個人擔」！

心得與檢討：

1. 對我這個普通的老百姓而言有 2 種機會害死人：一個是開車不小心；一個就是給人錯的投資建議。而報華碩這檔冥牌，就是一個害死人的爛建議。

2. 報壞一檔明牌，即使過了很久的時間還是有可能會對自己造成傷害。

經驗5》1封e-mail讓我成了詐欺罪被告

華碩已經是一個很災難的爛建議了，但它還不是最慘的。目前為止我這輩子做過最糟糕的建議就是，在2008年3月發了1封銷售雷曼兄弟連動債的e-mail給客戶們。這個建議糟糕到除了讓我的2個客戶幾乎血本無歸外，甚至後來還讓我上了法院，成了詐欺罪的被告。

2008年3月，澳幣定存、澳幣連動債一時之間在當時成為炙手可熱的金融商品──幾乎全台的金融界都在賣澳幣商品。而那時我服務的證券公司也不例外，推了一檔雷曼兄弟發行的「2年期定息保本澳幣連動債」。在簡單了解這個商品內容後，覺得它是一個很保守的商品，年利率6%多，只要2年內不賣出去的話，由發行銀行雷曼兄弟保證到期還本。

根據歷史經驗，這類由世界知名大銀行發行並且背書保證還本的商品，幾乎都是萬無一失的，因為從來沒出現過保證銀行倒掉的情形。所以在簡單了解過後，我就做了一件一般營業員都會做的事，簡單地寫了些關於這個商品的介紹，並附上這個商品的電子檔，之後mail給適合或有可能會買的客戶們，希望他們如果有這方面商品需求時可以跟我及我們公司購買。

當時這檔商品公司沒給業績壓力，我也只是想說有發mail就有機會，沒賣出去也就算了。結果還真的被我矇到；有一位客戶因為有做過外幣定存的經驗，對這個商品有興趣，打算買5個單位，共澳幣5萬元（依當時的匯率大約新台幣140幾萬元）。雖然這個商品當時算是保守型商品，佣金率不高，但賣了140幾萬元，我大概可以拿到9,000多元的業績獎金。

只是隨手發個 mail 就賺了 9,000 多元，讓我對這個商品興趣大增。因此自己就稍微再積極一點，用電話 call 了幾個客戶介紹這個保守型商品，果真就被我 call 到一個有買連動債經驗的客戶，買了 1 個單位（約新台幣 28 萬元）。最後商品銷售期結束，自己所賣出的 6 個單位：總共澳幣 6 萬元的雷曼兄弟連動債，讓我成為元富證券桃園分公司唯一賣出這檔商品的營業員。唉！平常業績總是吊車尾的我，偏偏這檔地雷債賣全分公司 Top one（第 1 名）。

賣雷曼兄弟連動債一開始就讓人心裡有點毛毛的，因為雖然它看起來的確是檔很保守的商品，在全球頂尖的投資銀行雷曼兄弟的保證下，投資人應該頂多就只有承擔匯率的風險，而不用擔心 2 年後的履約問題。然而 2008 年 3 月，就在我的客戶確定要買雷曼兄弟連動債後沒多久，全球第 5 大投資銀行「貝爾斯登」（Bear Stearns）宣布倒閉，震撼了全球金融市場。

當時的我對國外金融市場認識不深，雖然沒什麼聽過貝爾斯登的名號，卻也隱約知道貝爾斯登是個還滿大型的全球企業，它倒閉了是件大事。而這個倒閉消息讓我心裡開始擔心：讓客戶買的雷曼兄弟連動債這件事不知是對是錯？

那時貝爾斯登很快地就獲得美國政府的幫助，並且被摩根大通收購，確保其債權人的債權不會受到影響。而且當時總公司也用很快的速度 mail 一張說帖，告訴我們這些營業員一些數據，用以說明雷曼兄弟和貝爾斯登的狀況不同。主要是關於雷曼兄弟手上的現金有幾百億美元、資產有多大之類的內容，在在說明雷曼兄弟是一家體質健全、現金充裕且值得信賴的企業。

看到這些總公司專家們所提供的專業數據，自己心想，總公司那些對海外市場

專精的專家都覺得沒問題，我這個海外市場的外行人也就不用瞎操心。更何況，比雷曼兄弟規模還要小的貝爾斯登倒了，美國政府都會救，那規模更大的雷曼兄弟如果怎麼了，美國政府更不可能袖手旁觀。於是，雷曼兄弟這家百年企業的金字招牌，加上自己公司提供的數據讓我相信「不會有事」；而貝爾斯登被收購的事件則讓我相信：「就算真的有事也會沒事」，有美國政府當靠山還有什麼好擔心的？就這樣順利完成了這檔商品的銷售。

之後全球金融市場在次貸風暴的肆虐下，風雨飄搖。AIG、花旗、美國銀行、雷曼兄弟……一家家以往人們認為堅若磐石、富可敵國、不可能倒閉的大企業紛紛傳出警訊；甚至到了必須向全世界其他金融機構和美國政府求救的程度。在那期間，雷曼兄弟也不時傳出危險訊息及可能被收購的新聞。

要是自己當下可以強力的建議客戶立即收手，至少他們還能拿回約 8 成的資金。只是當時除了自己實在對雷曼兄弟連動債這個商品，以及全球金融市場的變化沒有把握之外，那時，台北總公司的專家們陸續又 mail 一些說帖與數據，告訴身為營業員的我們，雷曼兄弟體質依舊強健且現金充沛，就算真的倒了，它的資產也大於負債，投資者不用擔心債權的問題。再加上美國政府對貝爾斯登伸出援手的事件，讓我深深地相信「就算真的有事也會沒事」。

另一方面自己的顧忌是：如果我建議客戶賠錢贖回，但事後證明其實只是虛驚一場，根本不會有任何損失時，那自己不是反而做錯了，害客戶賺不到利息，甚至還會因我的錯誤建議而賠 2 成本金。就這樣，自己帶著心中的一絲絲擔心，但又想說一定不會有事地過了半年。直到 2008 年 9 月 14 日星期日，由美國政府主導的雷曼兄弟收購案傳出破局的消息後，舉世震驚！當時的我看到新聞播出收

購案破局時，心裡想：「完了！這下事情大條了！」

「不會有事」結果還是出事了；「就算真的有事也會沒事」的期望（天大的事情美國政府也會去解決）竟然也落空了，竟連美國政府也靠不住。雷曼兄弟，這家有 158 年歷史、業務橫跨 4 大洲 30 多個國家、全美第 4 大的投資銀行，經歷過美國南北戰爭、兩次世界大戰、經濟大蕭條（1930 年代）、能源危機（1970 年代）以及 911 事件後仍然屹立不搖，但它終究撐不過這場世紀金融風暴，昔日業務蓬勃發展的世界金融巨擘——「Lehman Brothers」就這麼垮了，而且還淪落到沒人要的地步！

2008 年 9 月 15 日星期一，雷曼兄弟立即宣布破產。事已至此，我也只好硬著頭皮打電話，向客戶報告雷曼兄弟收購破局並宣布破產的消息。兩位有買這檔商品的客戶，其中一位金額較小也比較理智，對我還不算太苛責。但另一位買了澳幣 5 萬元的客戶，因為金額較大加上她本身也比較情緒化，則是把我和我們公司罵得狗血淋頭；一直罵我和我們公司是詐騙集團，什麼定息保本？都是放屁！而這一天的痛罵還只是這個噩夢的開始。

接下來的日子，我一邊提供最新消息給這位客戶，一邊安慰她並聽她訴苦。有時她很可憐地說 1 個月才賺多少錢，那些錢是她東省西省加上投資外幣定存，經年累月好不容易才攢下來準備當退休金的；有時講一講又怒火中燒，劈頭就對我及我們公司一陣痛罵。退休金血本無歸的狀況下，除了讓這位客戶痛苦至極，也讓她對我及我們公司產生極度的不信任感，對銷售過程的任何細節充滿質疑。

有時她理智上知道，自己遇上這麼倒楣的事不能怪我，畢竟我也只是銷售公司

商品的普通營業員；但因為賠的錢對她而言太多，想想又十分不甘心，於是她除了質疑很多銷售的細節，還用盡方法試圖拿回她的錢。例如，她為了想證明我待的證券公司是一家黑心企業，就找了一些其他分公司營業員過往曾發生過違規，或是損及投資人權益的案例給我看，然後希望我棄暗投明、良心發現，站出來舉發自己的公司。哈！這真是讓人哭笑不得。唉！只怪當時自己無心竟捅了個這麼大的樓子。

而且，要是自己待的公司真的幹了什麼違法勾當，如果我站出來舉發就能彌補過錯並把客戶的損失找回來，那我即使丟了工作也會不惜和公司翻臉，一定會選擇站出來舉發。可惜事實並非如此，客戶所舉證的違規案例只是那些營業員的個別行為。我待的證券公司雖然不是這一行的頂尖龍頭企業，但也沒爛到會做出違法坑客戶錢的勾當。另外，有好幾次這位客戶直接殺到台北總公司「理論」，希望公司能為她的損失解套。所找的高層，職位也一次比一次高，最後乾脆就直接想找董事長。但後來公司的董事長突然猝逝，從此天人永隔，她想見也見不著了。

還有一次她突然打電話給我，劈頭就問我：「你知不知道你賣的那檔雷曼債的 XX code 是多少？」當下我一頭霧水就回她說：「不知道。」於是就被她酸說：「連這檔商品的 XX code 都不知道，這麼不專業還敢賣這檔商品。」

後來我打電話去台北總公司問才知道，客戶說的 XX code 算是那個商品的編號。雖然自己對這檔商品的認識確實不夠專業和了解，但被客戶罵這個真的讓我感到十分冤枉！這就好比去便利商店買東西時，請問大家有遇過店員說：「先生！您今天買的是編號 123456789 的可樂和編號 987654321 的御飯糰」嗎？一個店員只要知道賣的商品是可樂、御飯糰就好了，背下商品的條碼編號要幹嘛？

　　甚至事發沒多久，她還在電話中暗示說認識一位很有影響力的黑道大哥，如果不趕快把詐騙的錢還回，她就要叫那位大哥去舉發我們公司，甚至叫人來找我。我聽了之後啼笑皆非，只能跟她說明我們公司真的沒有騙她的錢，所以就算是那位大哥找人來把我打一頓也沒有用。而且今天她有金錢損失，我們公司要不要賠償最多也只是民事賠償的問題，如果她今天找人來海K我或是公司的任何一個人，反而會觸犯刑事罪，弄不好是要坐牢的。她聽了之後發現威逼不成，只好講了些場面話就掛掉電話。

　　總之她想要回損失的各種方法和手段，能做的她都盡量去做——威逼、哭窮、訴苦（動之以情，說之以理）、理論（或是說鬧），mail 一些買連動債後賠錢很慘的案例給我、質疑我把她搞得這麼慘還吃得下飯、睡得著覺之類的話，或到台北總公司找和她無緣的董事長、三不五時 call 賣海外商品的部門主管，還是去找律師、民意代表，甚至也去金管會申訴……。

　　2009 年農曆過年前，和這位客戶聊天的過程中，知道她父親發生了一些事，當時需要用錢。同時我很清楚，自從雷曼兄弟倒閉以來的這段時間她很痛苦，因為不管她做了與講了一些理性或非理性的動作及言語，所得到的結論都是「損失慘重但補償卻有限」。所以自己後來決定在農曆年前親自去拜訪這位客戶，並且拿了 10 萬元現金給她（即使自己很肉痛），當作是對她的補償。

　　我當時跟她說：「我不是因為害怕被妳告或是害怕什麼賠償責任才拿錢給妳，我甚至不覺得自己因為這件事而在法律上需要坐牢或是做任何賠償。拿錢給妳純粹是覺得自己有道義上的責任，希望能對妳有所補償。」那時她回答我：「未來如果錢全部拿回來的話，我再把錢還給你。」於是我說：「今天拿了這 10 萬元

給妳就沒想過要再拿回來。如果將來妳能拿回自己的本錢也不用還我了，那 10 萬元就當作是對妳精神損失的補償吧！」

唉！為了 2008 年 3 月那時發的一封 mail，我除了被那位客戶搞了又久又慘之外，還損失 10 萬元，到後來她實在別無他法，最終還是選擇和我及我們公司對簿公堂——讓我成了詐欺罪的被告，人生第 1 次上了法院。

在法院裡，我看著客戶控訴我和我們公司，即使她所陳述的話（血汗錢如何被詐騙）有些明顯偏離事實，但我也只能靜靜地在一旁聽她講完後再一一做解釋。畢竟如果不是我先賣她這個該死的商品讓她血本無歸，她也不會到法院裡說這些指控我和公司的話，所以自己完全可以理解她當時的心情。

後來的判決雖然如預料的——檢察官做出了不起訴的處分，她也沒有再上訴，表面上自己看起來像是沒事的樣子，但是天知道 2008 年 3 月時發 mail 所造的孽，在未來會不會又讓我遇到什麼麻煩事？

心得與檢討：

1. 發 e-mail 這個小小的動作，卻造成了自己和他人的一場災難。我不該輕易地建議別人買一個自己不夠了解的商品，即使它看起來似乎是如此的安全可靠。

2. 如果歷史的經驗告訴我們是安全的，不代表它真的安全，因為那只是代表某件事發生的機率很低很低，但不代表它一定不會發生。

3. 這次的事件再次證明「世上沒有不會倒的公司」，即使是實力再怎麼強大的美國政府想出手相救，也會有束手無策的時候。

4. 不要太高估所謂的專家和低估了自己。專家也是人，因此也是會看錯，即使

專家拿出一堆看似可靠的數字也是一樣（後來美國政府有查到，雷曼兄弟的財報涉嫌造假；強健的財務體質，原來很可能只是個謊言）。

5. 不要輕忽自己的疑慮，即使只有一點點，即使它看起來是這麼地不可能發生。

6. 這次的經驗，刻骨銘心到讓我已經把法院傳票護貝起來，打算好好保存。除了當作教訓之外，等女兒們長大後我也一定要拿給她們看看，讓她們知道自己的老爸以前幹了什麼蠢事。

最好的明牌，就是自己用心研究的那一檔

在金融市場裡再怎麼料事如神，準確率也不可能到 100%，即使是世紀股神——巴菲特（Warren Buffett）也一樣。在金融市場裡，愈會賺錢的人愈有可能會害死人。以我自己為例，我周遭的人在華碩這檔股票下大注最後賠錢，有很大的原因就是自己讓他們在榮剛這檔股票上賺到大錢，他們因而對我的建議充滿信心。就像《老子》所謂：「禍兮福之所倚，福兮禍之所伏。」榮剛的成功造就了華碩的失敗。而之前看到有一則關於巴菲特「報錯明牌」的採訪內容裡，恰好說明了這點：

股神並非永不犯錯，對於記者詢問他給過別人最差的建議，巴菲特的手來回搓了一下大腿很直率地回答：「我當然給過很多很差的建議。」他強調，最重要的是他一直記著 40 年前朋友和他說的話：「不要忘記你說的話可能會讓人走向絕路，你絕對有這個能力，所以請你閉緊嘴巴，不要說話，你可以想一個晚上、確定明天還要不要說。」巴菲特說：「這樣至少我不用為我說出的話晚上睡不著。」

　　所以能力再強的人也有犯錯的時候，何況報明牌這檔事並非報得準就使人受益、報得不準就使人受害這麼的簡單明瞭。我報出來的明牌，是我自己運用自己的能力挑選出來的。而報明牌給別人時，等於是把我的能力借給別人，讓別人在聽明牌的那時擁有了我的選股能力。在這樣的狀況下，如果聽我明牌的人後來也乖乖地聽我的建議操作，那麼情形就很單純：我是對的就賺錢，我是錯的就賠錢。

　　但從我自己的親身經歷可以知道——即使明牌報得準，還是可能使聽到的人受害。我發現根本的原因在於有很大一部分聽我明牌的人，沒辦法很單純地對我的建議言聽計從，結果變成雖然買的股票是我報的明牌，但他們卻是用自己的方法在操作。

　　過去的經驗讓我發現，隨意報明牌（或說把我的選股能力借給別人），是一件危險的事。因為對方也許聽了你的明牌而暫時擁有了你的選股能力，但他們卻沒有你的操作經驗、專業知識、風險意識、心理素質等條件去駕馭這股能力。這樣的結果就變成：如果我是錯的，我會害對方賠錢；如果我是對的，也可能因為讓對方暫時擁有不應該屬於他本身應該有的能力，而害了對方。就像有很多中樂透的人，過了一段時間後反而活得比沒中樂透前還慘，就是因為他們擁有了不應該有的財富；一個人擁有了他沒資格擁有的東西，其結果有可能成為一場災難。

　　能力是價值，財富是價格，當兩者差距過大，時間久了兩者中間的差距自然會逐漸收斂。只要能力能持續成長並累積到一個程度，終有一日會賺到與能力相稱的財富；反之，如果擁有和能力不相稱的財富，終有一日也會被打回原形。

　　因此，在報錯明牌會害人害己，報對明牌也可能會害人害己的前提下，我自己

認為最理想的報明牌方式就是──「不要報明牌」。然而理想歸理想，人畢竟是有人性的，尤其對一個有能力在股市看清情勢的人來說，要他自制力強到能完全不報明牌，完全忍住不對任何標的表示任何意見，這實在非常難。像巴菲特這種能抱著賺錢的股票幾十年不賣的人，自制力絕對超人一等；而且 40 年前他的朋友就叫他要閉嘴，以免會害人走上絕路。然而在幾年前，他還是和比爾·蓋茲（Bill Gates）一起公開表明大力看空美元的看法，結果後來美元反而是上漲的，一時也造成其他跟風的投資人的損失。

2010 年時他也預言第 3 次經濟蕭條不會來臨。天知道他是對是錯？那些聽了他看法而去買股票的人，未來會是賺還是賠？

而我自己在這一點也是一樣，沒辦法做到「完全不給任何人建議或不表示任何意見」。尤其是和別人討論或發現一些地雷股希望讓人避開時，雖然知道自己還是有可能會看錯，但總是會忍不住表達一下意見。所以退而求其次，找到我覺得比較適合自己也比較人性的做法──「看人報、謹慎報、盡量不報」。這樣的話，一方面可以減少造孽的機會且較不會給自己找麻煩，另一方面也比較不會因不吐不快，讓自己憋在心裡很難受。

所以結尾就來報一下明牌吧！我認為，「最好的明牌，就是自己用心研究的那一檔」，即使它最後是讓你賠了錢也是檔好明牌。用心研究，你看對了就能賺錢；如果是看錯的話，至少因為是自己下功夫研究過的，所以已經有一定程度的了解，只要再用心去檢討就能知道錯在哪裡。只要用心研究操作標的，無論如何都能讓自己的「財富」或是「能力」，至少其中一項有所成長，而不會賺得莫名其妙，賠得糊裡糊塗。

國家圖書館出版品預行編目資料

我的操作之旅：踏上專業投資人之路（全新增修版）
/ 羅仲良著 . -- 一版 . -- 臺北市：Smart 智富文化，
城邦文化，民 104.10
　面；　公分
ISBN 978-986-7283-66-5（平裝）

1. 股票投資　2. 公開市場操作

563.53　　　　　　　　　　　　　　104020268

Smart 智富

我的操作之旅：踏上專業投資人之路
（全新增修版）

作者	羅仲良
企畫	黃嫈琪

商周集團	
榮譽發行人	金惟純
執行長	王文靜

Smart 智富	
總經理兼總編輯	朱紀中
執行副總編輯兼出版總監	林正峰
編輯主任	楊巧鈴
編輯	李曉怡、林易柔、邱慧真、胡定豪、施茵曼
	連宜玫、劉筱祺、謝惠靜
美術編輯主任	黃凌芬
封面設計	廖洲文
版面構成	林美玲、張麗珍、廖彥嘉

出版	Smart 智富
地址	104 台北市中山區民生東路二段 141 號 4 樓
網站	smart.businessweekly.com.tw
客戶服務專線	（02）2510-8888
客戶服務傳真	（02）2503-5868
發行	英屬蓋曼群島商家庭傳媒股份有限公司城邦分公司

製版印刷	科樂印刷事業股份有限公司
初版一刷	2015 年（民 104 年）10 月
初版二刷	2015 年（民 104 年）11 月
ISBN	978-986-7283-66-5

定價 350 元

版權所有　翻印必究
Printed In Taiwan
（本書如有缺頁、破損或裝訂錯誤，請寄回更換）

Smart 自學網

誠摯邀請您加入 Smart 自學網，透過自學網，您將定期獲得最新的出版訊息、課程講座，以及各類優惠活動資訊，歡迎您上網登錄。

登錄網址：http://bit.ly/1wo281P

---

f 臉書粉絲團關注中！

Smart 智富月刊
facebook.com/smartmonthly

盤後同學會
facebook.com/55vip

下班同學會
facebook.com/55job